U0159963

图书在版编目（CIP）数据

　　建筑的源代码 / (英) 苏西·霍奇著；宋扬译. --
北京：中国画报出版社，2021.11
　　ISBN 978-7-5146-1997-3

　　Ⅰ. ①建… Ⅱ. ①苏… ②宋… Ⅲ. ①建筑艺术—研
究 Ⅳ. ①TU-8

　　中国版本图书馆CIP数据核字(2021)第139975号

　　北京市版权局著作权合同登记号：01-2021-2483

书　　　名：建筑的源代码
作　　　者：[英] 苏西·霍奇
译　　　者：宋　扬

出 版 人：于九涛
策划编辑：赵清清
责任编辑：田朝然
营销编辑：孙小雨
内文设计：罗家洋
封面设计：李晓然
责任印制：焦　洋

出版发行：中国画报出版社
地　　　址：中国北京市海淀区车公庄西路33号　邮编：100048
发 行 部：010-88417438　010-68414683（传真）
总 编 室：010-88417359　版权部：010-88417359

开　　　本：32开（880mm×1230mm）
印　　　张：7.25
字　　　数：225千字
版　　　次：2021年11月第1版　2021年11月第1次印刷
印　　　刷：北京汇瑞嘉合文化发展有限公司
书　　　号：ISBN 978-7-5146-1997-3
定　　　价：88.00元

第 10 页　　关税同盟管理与设计学院，德国，埃森

第 52 页　　温赖特大厦，美国，圣路易斯

第 162 页　　非斯皇宫，摩洛哥，非斯

第 190 页　　毕尔巴鄂古根海姆博物馆，西班牙，毕尔巴鄂

艺术, 可以很简单

目录

引言

弗兰克·盖里："建筑应表达它所处的时间及地点，但向往永恒。"

在初级阶段，建筑构造依据建筑形式而确立，经过人类历史的不断发展，逐渐使众多使用者的不同需求得到满足。从最早的住宅结构到最新的钢结构和玻璃高楼，建筑的发展不断展现出人类的努力和成就，创造了能平衡形式、功能、结构和美学的杰出建筑。

建筑最初是为人类提供住所，但很快就为宗教仪式发展出更复杂的建筑结构，众多保存至今的建筑验证了这一点。我们所知道的最早的纪念性建筑是由美索不达米亚和埃及的古代文明建造的：美索不达米亚的砖砌金字形塔庙和埃及的马斯塔巴石室（陵墓）。美索不达米亚人开创了城市规划的先河，并将"建筑工艺"视为上帝赐予的神圣礼物。

在公元前 30— 公元前 15 年，建筑继续蓬勃发展，罗马建筑师和工程师维特鲁威乌斯所著的《建筑学》（*De Architectura*）一书被认为是关于建筑理论的先河之作，在一千多年里一直对西方建筑师有重要影响。

人类的需求持续激发出众多最具创新性的建筑方案，本书探讨了在过去 4000 年中实现的众多非凡的建筑构思。借助书中独特的交叉引用系统，既记录了建筑的历史，又在世界范围内汇总了最重要的作品，呈现出各种建筑的风格、材料和构成元素。

风格

弗兰克·劳埃德·赖特："建筑是艺术之母。没有属于自己的建筑风格，我们就没有自己文明的灵魂。"

在一定时期内，特定的建筑风格不断演变，其特点是具有可识别的特征，并受到一系列因素的影响，包括技术、材料和建筑师的想象力。随着文化的更迭，各种风格相互融合或借鉴，例如古希腊和古罗马文明；或者相反，它们故意与先前的思想相矛盾，例如后现代主义与现代主义的关系。一些风格使用了全新的方法和手段，而另一些风格，如新古典主义和哥特式的复兴，则重新审视了以前的风格。然而，每一次风格的复兴都不同于最初，反映了它所处时代的需要和技术的更新。有些风格只在某些区域得到发展，如高棉建筑或芝加哥学派。许多建筑风格是在建筑产生关键创新之后发展起来的，有些则是从人们的旅行和文化交流中产生的，比如摩尔建筑。有些风格是在它们出现很久之后命名的，比如文艺复兴时期的众多风格。有些是在它们被创造出来的时候命名的，比如野兽派风格。总的来说，尽管它们经常重叠，但这些风格有助于厘清建筑的历史。本书的这一部分尽可能按时间顺序探讨许多重要的建筑风格。

建筑

阿尔瓦·阿尔托："建筑师的最后目标 …… 是创造一个天堂。每一栋房子、每一件产品或每一座建筑都应该是为人们建造一个人间天堂而做出的努力。"

建筑是艺术和科学的交叉学科，它是人类对居住和安全感的需求、对崇拜的渴望，以及可利用资源和技术发展的综合成果。随着多种文化的发展，人们逐渐积累了知识，并付诸实践，由此建立并传承了传统，而这一切最终都反映在建筑中。本书的这一部分精选了50件跨越时间和空间，意义深远的建筑作品，这其中既包括一些备受尊敬的作品，也包括许多历史上首次展现其关键思想、材料、形式或技术的作品。早期的建筑师只有通过不断摸索、试错才能获得成果。随着时间的推移，前人的理论与实践、失败与成功都在向后来的建筑师传递信息，建筑也以多元化与进步的方向发展。本节所介绍的每一件作品都力求探索建筑史上的重要建筑或结构，这些建筑或结构往往融合了当时最先进的材料与建造方法，同时也通过建筑反映出建筑师的技巧、目标和创新。

元素

扎哈·哈迪德："我不认为建筑只关乎栖身，只关乎非常简单的外表。它应该可以激发你、唤醒你，让你进行更深层的思考。"

　　建筑的基础是元素或构件。包括阳台、拱门、塔楼、楼梯、拱廊、庭院和柱子等。有些元素是不常见的，或者只在某些类型的建筑中使用，例如中殿或尖塔；大多数元素几乎是通用的，例如门和窗。元素的选择需要考虑到众多因素，如时尚、地域偏好、材料的适用性、宗教规范、气候条件、现行法规和技术约束，以及建筑师的个人见解。有些建筑元素虽然相似，但是对建筑的内涵却有不同的诠释，例如佛罗伦萨的圣母百花大教堂（Santa Maria del Fiore）、莫斯科的圣巴西勒大教堂（Saint Basil）和阿格拉的泰姬陵（Taj Mahal），或者科隆大教堂（Cologne Cathedral）、纽约市的克莱斯勒大厦（Chrysler Building）和巴塞罗那的圣家族大教堂（Sagrada Família）。这充分说明每种建筑元素都是由设计、起源（origin）、制约条件、创造性和适用性构成的复杂混合体。

材料

密斯·凡·德·罗："建筑，从你小心翼翼地把两块砖叠在一起开始。"

　　从泥土到大理石，从砖到竹，从石到钢，从混凝土到碳纤维，随着人类需求的变化和技术与工程水平的进步，建筑材料的选择变得越来越广泛。本章节将讲解通过使用各种材料实现各种建筑的可能性，包括石头或木材等基本构件，以及主要用于建筑和结构部分的构件（如玻璃和瓷砖）。有些材料已经持续使用了几千年，有些已经不再使用，有些则是最新的发明。本章节将探讨这些材料在何处适用以及如何使用的范例，众多交叉引用的案例将给出更详尽的解读。

本书使用指南

这本书分为四个章节——风格、建筑、元素和材料，用于解释建筑的关键领域。每一个章节的内容都按时间顺序排列，但可以按任意顺序阅读。交叉引用可以在每一页的底部找到，提供与其他部分相关的有用链接，而功能框则用于讨论关键问题和介绍建筑师的背景。

主要建筑师

重点提示

风格与材料的交叉引用

建筑师和地点

建造日期

建筑师和建筑的背景信息

建筑师的其他代表作

风格、元素和材料的交叉引用

风格

古埃及风格

主要建筑师：伊姆霍特普 / 赫米乌努 / 伊内尼 / 森穆特 / 阿孟霍特普 / 哈普之子
阿蒙荷太普

前2670
──
336

　　无论是为死者还是生者而建，古埃及建筑都非常强调建筑与周围景观的和谐关系。

　　在古王国和中王国时期（前2600—前1800年），人们建造金字塔作为法老的坟墓。其中最壮观的是吉萨大金字塔，公元前2589—公元前2566年为胡夫法老建造。金字塔高耸的造型象征直达众神，在大地上形成威风凛凛的景象。这些巨大的建筑建造精良，巨大的石块连接得如此完美，连刀刃都无法嵌入其中。石块用灰浆砌在一起，整个建筑用白色石灰石包裹，顶部用黄金覆盖。在金字塔内部，狭窄的通道通向皇家墓室。

　　埃及庙宇逐步从小型神龛演变为大型建筑群，到了新王国时期（约前1550—前1070年），它们发展成为包含大厅和庭院在内的巨大石构建筑。例如，公元前13世纪依山崖凿建的阿布辛贝神庙。该神庙是拉美西斯二世（约前1303—前1213年）和他的王后奈菲尔塔莉（约前1255年卒）的纪念碑。主寺庙以四座巨大的拉美西斯二世坐像而闻名于世，在其周围是体积较小的拉美西斯二世的母亲、奈菲尔塔莉和孩子的雕像。

重点提示

古埃及最早的纪念性建筑作品是用泥砖、泥土和木头建造的，后来的建筑是用石头建造的。到公元前2670年，石头成为主要的建筑材料。在陵墓和寺庙旁边，堡垒和城堡被建造成巨大的要塞，但保留了宗教建筑的优雅和对称形式。

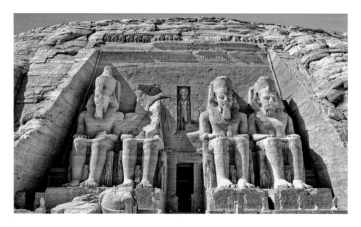

阿布辛贝神庙，建筑师未知，约公元前1264年，埃及，阿斯旺省，努比亚遗址

前哥伦布时期风格

主要建筑师：不详

前 2000
—
1519

帕伦克宫，建
筑师：未知，
7世纪—8世
纪，墨西哥，
恰帕斯州

　　在欧洲人"发现"美洲之前的3000多年里，北美洲、中美洲和南美洲已经建立了复杂的社会。

　　在16世纪被西班牙征服之前，前哥伦布时期的中美洲建筑就已经被众多文明创造出来，并且用途广泛。虽然当时人们掌握的天文学和工程学领域的知识有限，但建筑物和建筑师的思路往往与天文学或星象有关。许多建筑是通过文化交流发展起来的，例如阿兹特克人从早期玛雅建筑中学到了很多关于建筑领域的知识。

　　许多文化的融合构建起整座城市，包括用象征动物、神和国王的装饰性纹饰雕刻的巨型寺庙和金字塔。城市的布局似乎具有神话和象征意义。大多数政府建筑物和寺庙都有一个中央广场，还有高台上的公共球场（即特拉赫特利）。金字塔是一个主要的特征，通常是阶梯形的。当时的这些建筑物可能不是用作墓室，在顶部有重要的宗教场所。许多著名的金字塔建筑物都在墨西哥，包括位于提奥提华坎的太阳金字塔和月亮金字塔（约200—250年），位于奇琴伊察的卡斯蒂略（约600—1000年），以及位于乔卢拉的世界第一大金字塔（约300—900年）。

重点提示

作为皇家住宅和行政中心，帕伦克宫是一个由彼此相连的建筑群和庭院组成的综合建筑体，包括12栋房子、两个庭院和一座占据主体位置的4层高方形塔楼。建筑后面有一条小溪，流入一个拱形渡槽里。

古希腊风格

主要建筑师：伊克蒂诺斯 / 卡利克拉 / 卡尔皮翁（Karpion）/ 帕梅农（Parmenion）/ 菲迪亚斯 / 埃利乌斯·尼康 / 利翁（Libon）

前 850
—
600

重点提示

被称为城市规划之父的希波丹姆斯（Hippodamus，前498—前408年）就曾利用网格系统进行城市规划，将平行街道、中央公共空间、功能区和活动区组合在一起。古希腊建筑师在各种各样的建筑类型中延用这一设计理念，包括公共、宗教和私人建筑。

赫淮斯托斯神庙，建筑师未知，约公元前449年，希腊，雅典，阿戈雷奥·斯科洛诺斯山（Agoraios Kolonos Hill）

　　从大约公元前850年到公元前600年，古希腊文明在希腊大陆、伯罗奔尼撒半岛和爱琴海诸岛上蓬勃发展。

　　到公元前4世纪，古希腊建筑师和石匠已经为所有的建筑类型发展出相对完善的规则体系。其中有三种常见柱式：多立克柱式相对粗壮朴素；爱奥尼亚柱式更纤细，柱头的拐角处有四个卷轴状的纹饰；最华丽的是科林斯柱式，通常刻有茛苕叶装饰并搭配四个卷轴，或用荷叶或棕榈叶装饰。

　　总的来说，这座建筑形态看起来朴素，但雕塑装饰却很精致，以带状、墙面和三角形组合的形式反复出现在柱头和山墙上，结合独立的雕像，所有的装饰都涂上了鲜艳的颜色。

　　古希腊最重要的建筑是神庙和剧院，它们使用了复杂的视错觉规律结合平衡的比例。从公元前550年到公元前404年，雅典卫城建在雅典的一座山上，那里的建筑代表了古希腊建筑成就的巅峰，包括帕特农神庙、卫城山门、伊瑞克提翁神庙和雅典娜胜利神庙。完成于公元前432年的帕特农神庙的多立克立柱遵循各柱的间距与立柱底部的直径之比为9:4，同时也有爱奥尼立柱的一些特征。与大多数希腊神庙不同，帕特农神庙的正面有六根大理石支撑柱，正面有八根。总的来说，它有47根柱子，每根柱子的高度超过10米，具有轻微向上的抛物线状曲线，用来排水并作为抗震加固。

帕特农神庙 第56页　顶 第168页　柱 第177页　柱廊/门廊 第186页　石 第192页　大理石 第200页

佛教风格

关键建筑师：不详

前 507

佛教建筑于公元前 4— 公元前 2 世纪在印度次大陆发展起来，首先传播到中国，然后进一步传遍亚洲。

印度阿育王（前 265— 前 236 年在位）认为佛教是一种团结广大领域的方式，因此在全国各地都建造了一种佛塔——窣堵波。窣堵波（音译自梵文，原意为"堆"）是一个圆顶结构，里面常供奉着舍利等遗物，作为冥想的地方来纪念佛陀。圆顶象征着天空的无限空间。窣堵波成为朝圣之地，最终达到了阿育王的建造目的：传播佛教。寺院，或称维哈拉寺，建在窣堵波附近，是佛陀生命中众多重要事件的发生地。

现存最早的窣堵波是在印度的桑奇市（Sanchi），周围是精心设计的石拱门，分别放置在四个基点。现存最具纪念意义的窣堵波是位于爪哇的波罗浮屠（公元前 9 世纪）。它由一座中央窣堵波组成，位于九个平台的顶部，其中包含许多较小的窣堵波。随着佛教传播到尼泊尔、日本、斯里兰卡、泰国、韩国、中国和缅甸等地，后来的佛教建筑保留了印度早期佛教建筑的一些特点，并且融合了各地的建筑特色。

重点提示

三种类型的建筑形式与佛教建筑相关：窣堵波、寺院、支提（Chaitya，祈祷厅或神殿，后统称为寺庙）。其中最重要的佛教寺庙是韩国庆尚南道的海印寺、泰国曼谷的郑王庙和中国西藏的大昭寺。

桑奇窣堵波，建筑师不详，公元前 3 世纪 — 公元前 100 年，印度，中央邦

古罗马风格

主要建筑师：萨拉米斯的赫尔漠德鲁斯 / 拉比留斯 / 大马士革的波洛多罗斯 / 维特鲁威乌斯 / 西弗勒斯（Severus）

前 484 — 608

加尔德桥，建筑师不详，公元 1 世纪，法国，加尔省，尼姆市附近

古罗马军队征服哪里，就会在哪里建立城镇、扩张帝国，其建筑和工程成就逐步提升。

古罗马文明超越了当时的大多数文明，建立了庞大的帝国，并逐步发展工程技术、建筑技术，完善新型材料。他们建造了越来越宏伟的寺庙、渡槽、圆形剧场、凯旋门等建筑。利用独立的柱式，发展出圆形石拱门的建筑形式，并从中发展出拱廊和渡槽，通过内侧水泥材料的渠道输送水源。罗马人研发出十字形拱顶和穹顶的建筑形式。公元前 30 年—公元前 15 年，建筑师、土木和军事工程师马库斯·维特鲁威乌斯·波利奥发表了著作《建筑学》，在随后几个世纪持续影响了世界各地的建筑师。

公元 72—80 年，罗马建造了一座圆形剧场，用混凝土、石灰石和凝灰岩（火山灰）作为建筑材料。椭圆竞技场是当时世界上最大的圆形竞技场，可容纳约 5 万名观众。另一个展现罗马建筑精确性的伟大成就，是法国南部的加尔德桥，这是现存最高的古罗马渡槽。公元前 1 世纪，人们在地下修建了一条蜿蜒的长渡槽，将泉水输送到罗马的殖民地，法国南部城市——尼姆，后来出现了这座巨大的三层拱形桥横跨加德河。

重点提示

圆顶是众多古罗马的建筑成就之一，是为寺庙、浴室、别墅、宫殿和陵墓而建造的，用加厚的墙壁来支撑。例如，罗马的万神殿，在大约 114 年被图拉真皇帝委托作为阿格里帕浴场的一部分。它是现存最大的罗马穹顶，中央有一个大的圆孔。

万神殿 第60页 穹顶 第172页 拱门 第173页 柱 第177页 石 第192页 砖 第195页 木 第196页 瓷砖 第198页 混凝土 第201页

拜占庭风格

330
—
1453

主要建筑师：安特米乌斯 / 伊西多尔 / 达特 / 卡里尼科斯 / 鲁芬努斯 / 艾特罗纳斯 · 卡马特罗斯（Petronas Kamateros）

公元前330年，君士坦丁皇帝将罗马帝国首都迁至拜占庭，并将其命名为君士坦丁堡（现称伊斯坦布尔）。

君士坦丁堡是许多贸易路线的重要组成部分。拜占庭建筑师将罗马元素与东方元素融合在一起，使其建筑理念得以传播和发展，逐渐出现在意大利、叙利亚、希腊、俄罗斯和小亚细亚的部分地区，常见于带有穹顶、拱门和尖顶的教堂中。

其中最独特的元素是通过以下两种方法附着在方形底座上的圆顶：一种是内角拱（squinch），在四面各设筒形拱，其顶部相交；另一种是由拜占庭人发明的帆拱（pendentive），在四个柱墩上沿平面的四条边做长券，形成三角状曲面。拜占庭建筑通常采用大理石柱、格子天花板和华丽的装饰，包括大量使用马赛克。后来，古希腊的十字架结构（四臂长度相等的十字架）成为拜占庭教堂的重要组成形式。

多年的发展使拜占庭建筑变得更加复杂，使用烧制的砖块和灰泥，以及薄薄的雪花石膏作为窗户的建筑材料，这个特征几个世纪以来一直影响着欧洲的建造者，直到1453年君士坦丁堡落入土耳其人手中。

重点提示

受查士丁尼皇帝的委托，索菲亚大教堂对拜占庭建筑风格产生了深远的影响。以其为例，大型中央穹顶通常被宗教建筑中位置较低、尺寸较小的穹顶包围，如拉韦纳的圣维塔莱教堂（527—547年，见第204页）、威尼斯的圣马克教堂（1093年）和莫斯科的圣巴西勒教堂（1555—1561年）。

索菲亚，伊西多尔和安西米乌斯，532—537年，土耳其，伊斯坦布尔

日式风格

538

关键建筑师：武田斐三郎 / 远藤新 / 辰野金吾 / 曾祢达藏 / 丹下健三 / 槙文彦

日本的传统建筑材料是木材，用木门代替墙壁进行内部空间分隔，允许内部空间根据不同的需要进行变化。

神社是日本早期的建筑形式之一（公元3世纪），由柏木建造而成，类似于谷仓。佛教在6世纪传入日本，开创了以简朴为重要特征的大型木造寺庙建筑，许多建筑都是从中国和其他亚洲文化中引入的。

与西方建筑截然不同，日本建筑结构很少使用石头，除了特定的元素，如建筑基础。木柱和过梁支撑着巨大而且弯曲的屋顶，屋檐延伸到阳台上。墙壁很轻薄，不用作承重，通常可以移动。早期的寺庙与中国寺庙相似，庭院宽阔，平面布局对称。

安土桃山时期（1573—1603年）集中出现了许多城堡，其大多数都有一座中央塔或天台（用于防御），四周是花园和加固的建筑物，都在巨大的石墙内，四周是护城河。室内空间由滑动的拉门和屏风（折叠屏风）隔开。

19世纪末，西方传统风格被引入日本，现代主义风格的影响从20世纪20年代就开始显现，20世纪60年代发展起来的一种激进的建筑运动叫"新陈代谢派"（Metabolism），或称为"燃烧灰烬学派"（Burnt Ash School），其倡导者设计了众多促进复兴和再生的大型建筑项目。

重点提示

法隆寺建于公元前7世纪初，是肖托克王储的私人寺庙（574—622年），由41座独立建筑组成，其中包括主礼拜堂（或称"金殿"）和五层塔楼，塔楼位于一个开放区域的中心，周围环绕着一个带屋顶的回廊，顶部是铺满瓦片的入母屋造（即歇山顶）。

法隆寺，建筑师未知，607—710年，日本，奈良县，生驹郡，斑鸠町

三溪园 第100页 门 第166页 塔 第174页 柱 第177页 柱廊/门廊 第186页 木 第196页 纸 第197页 混凝土 第201页

印度风格

关键建筑师：不详

约 500
—
1910

在整个印度次大陆，印度宗教建筑从简单的岩洞神社演变成具有纪念意义的庙宇。

从公元前5世纪到公元前4世纪，印度寺庙兼顾对不同神灵和地域信仰的崇拜，到了6世纪或7世纪，印度建筑已经演变成高耸的砖石结构，象征着神圣的五峰须弥山。受早期窣堵波风格的影响，印度建筑不再是为集体礼拜而设计，而是供礼拜者供奉祭品和举行仪式的地方。印度教文化鼓励创造性、独立性，但建筑师必须遵守某些建造"规则"，包括精确度、和谐的几何结构，高塔、神像、朝拜者、动物雕塑，以及花卉和几何图案等。

大多数印度教寺庙都建在一座精雕细刻的平台上（雕花台），每座寺庙都包括一个内部圣室[1]（或称胎室），在那里安置主要的神灵形象。在圣室的上方是高塔状屋顶——锡卡拉[2]（也称为维曼）和专用于行"右旋礼"[3]的帕里克拉玛（parikrama）走道。此外，还有一个会众大厅，有时还有前室（ardhamandapa）或柱廊入口。每座寺庙都被围墙包围，围墙上都有巨大而又华丽的大门，面向主要方位，构成塔门（gopuram）。

达克希什瓦迦梨女神庙，建筑师不详，1855年，印度，加尔各答

重点提示

建于19世纪，三层高的达克希什瓦迦梨女神庙（Dakshineswar Kali Temple）矗立在一个有圆柱回廊的平台上，有着传统孟加拉建筑的9座尖塔。圣市中供奉着迦梨女神的神像，整个寺庙大院包括一个大庭院，沿其围墙有房间，还有12个湿婆神的神龛。

1　圣室（garbhagriha），原意为胎室，隐喻宇宙生命的胚胎。

2　锡卡拉（shikhara），意为山峰，象征神灵居住的须弥山。

3　右旋礼（parikrama），在寺庙内部做顺时针绕行的祈祷方式。

伊斯兰风格

主要建筑师：米玛·锡南 / 塞德夫卡尔·迈赫迈德·阿加 / 阿提克·锡南

650

伊斯兰建筑主要由清真寺、陵墓、宫殿和堡垒组成，受到波斯、罗马、拜占庭、中国和印度建筑的影响，也发展出自己独特的一面。其显著特征包括重复的图案装饰、字体艺术、精确的几何结构、穹顶、拱门和尖塔。

圆顶建筑最早出现在 691 年，是位于耶路撒冷的圆顶清真寺。圆顶建筑最常见的是鼓形圆顶，但颇具特色的是尖顶。拱门是另一个值得注意的元素，例如马蹄形拱门或摩尔式拱门、半圆形拱门或罗马式拱门、扇形三叶形拱门、四叶形拱门、五叶形拱门或多叶形拱门。这些拱门是摩尔式建筑（见第 22 页）特有的元素，通常用于创建柱廊。

重点提示

在阿拔斯王朝（750—1258 年），其首都从大马士革迁往巴格达，然后从巴格达迁往萨马拉。萨马拉大清真寺（Great Mosque of al-Mutawakkil at Samarra）修建于 848—851 年之间，由多柱式建筑（由柱子支撑的屋顶）和一个巨大的螺旋尖塔构成，因此也被称为"马勒维亚"（"malwiya"，意为蜗牛壳）尖塔。

萨马拉大清真寺，建筑师不详，848—851 年，伊拉克，萨马拉

羯陵伽风格

关键建筑师：不详

约 650 — 约 1550

林迦拉迦神庙（Lingaraja Temple），建筑师：不详，约 1060 年，印度，奥里萨邦，布巴内斯瓦尔

　　古羯陵伽国对应今天印度东部的奥里萨邦、西孟加拉邦和安得拉邦北部地区，其建筑风格在 9 世纪到 12 世纪达到了顶峰。羯陵伽神庙由数百尊雕像雕刻而成，通常以马蹄铁等重复形式为特色。在寺庙建筑群的保护墙内，有三座主要建筑，它们有独特的弧形塔楼，还有祈祷大厅，称为"贾格莫汉"（jagmohan）。"雷卡迪乌拉"（rekha deula）是圣殿，顶部是一座高耸的弧形（玉米棒形）尖塔；"皮达迪乌拉"（pidha deula）是带有金字塔形屋顶的方形前殿；"卡哈拉迪乌拉"（khakhara deula）是长方形城门楼，也有金字塔形屋顶，通常比"雷卡迪乌拉"（rekha deula）短，但比"皮达迪乌拉"（pidha deula）高。它是祈祷和供奉的主要场所之一。卡赫拉（khakara）源于单词"khakaru"（印地语），意为"南瓜"或"葫芦"，反映了建筑的外观。

重点提示

作为奥里萨邦州首府布巴内斯瓦尔最古老的寺庙之一，林迦拉迦神庙朝东，由砂岩和红土建造。在其厚厚的围墙内有 150 个较小的神龛。主塔（deul）高 45 米，造型奢华，装饰有丰富的人物和宗教图案。

摩尔式风格

关键建筑师：不详

711
—
1492

科尔多瓦大清真寺，建筑师不详，784—987年，西班牙，科尔多瓦

大约711—1492年，阿拉伯人征服并统治了南欧和北非的大部分地区。

欧洲人称新移民为摩尔人，其风俗和宗教建筑开始主宰这些地区。这些建筑不仅具有独特的伊斯兰元素，还融合了从新环境中提取的其他元素，对格拉纳达的阿尔罕布拉宫（Alhambra palace）和格拉纳达（Granada）的赫内拉利菲宫（Generalife，1302—1319年）以及科尔多瓦大清真寺等建筑进行了改造和开发，从784年至987年，分四个阶段建造。大清真寺内部装饰精巧，包括一个巨大的祈祷大厅，

850根柱子和双拱门形成红色与米色石头的鲜明色彩对比。

在摩尔风格建筑中，圆锥形拱、圆拱、柳叶拱（lancet arches）是最常见的拱券，其中以独特的弯曲马蹄形拱而闻名。除了巨大的圆顶和重复的装饰图案外，蜂窝状或钟乳石拱顶的壁龛，是摩尔建筑发展和应用的伊斯兰建筑风格的典型代表。这些装饰性很强的拱顶常用来装饰帆拱、壁龛、拱门、圆顶和半圆顶。大型建筑物通常配备由摩尔人工程师开发的复杂的灌溉系统和管道系统。

高棉风格

关键建筑师：不详

825
—
约 1450

从 9 世纪初到 15 世纪初，高棉帝国统治着东南亚地区，是一个庞大的印度教佛教帝国。

吴哥城曾是高棉王朝的首都，其大多数现存建筑是面向东方的石寺，其中许多是以金字塔的形式建造的，石寺的最高层常围绕无座宝塔，代表了印度教、耆那教和佛教教义中的五峰圣山 —— 须弥山。根据这些宗教的传说，神生活在宇宙中心的山上，不同的神生活在不同的层次。由于这些石寺不是祭祀场所，而是特定的神的住所，所以每个圣所只有几米宽，依据位于中心起主导地位的石寺的高度和位置来建造。寺庙周围的护城河象征着宇宙海洋。

作为神的住所，这些寺庙由砂岩、砖块或砖红土等类别的耐用材料制成。砖红土是一种黏土状物质，风干后十分坚硬。据考证，须弥山由天界守护者分别在四方守护，因此高棉寺庙的特点是在北部、南部、东部和西部各有一座宏伟的城门楼（gopuras）。

重点提示

寺庙雕刻有复杂的宗教图案和高棉历史上的重要事件，尽管佛教寺庙一般没有印度教寺庙那么华丽。在高棉帝国的城市里，高棉建筑师们还修建了巨大的水库，每年雨季都会收集大量的雨水和附近河流的水，服务居民。

塔布隆寺，建筑师：未知，1186年，柬埔寨，暹粒省，吴哥窟

罗马风格

1000
1150

主要建筑师：马斯特·马特奥（Master Mateo）/ 贝内德托·安特拉米 / 兰佛朗哥·迪奥蒂萨尔维

玛丽亚·拉赫修道院，建筑师不详，1093—1230 年，德国，莱茵兰 – 普法尔茨州

大约在 1000—1150 年，欧洲涌现了大量的圆形、筒形或三角形拱顶，以及由巨型支柱支撑的，宏伟的石筑教堂。

到了 19 世纪，罗马式风格这个词被用来形容这种建筑 —— 有棱角分明的塔楼、巨大的中殿和雕刻的圆形拱门。罗马风格借鉴了古罗马的建筑风格和构造方式，也受到了加洛林、拜占庭和伊斯兰建筑的影响。尽管这种风格的演变并没有精确的定义，但它是自罗马帝国以来第一种在欧洲各地发展的建筑形式。

罗马式建筑在公元 1000 年达到巅峰，当时西班牙和法国沿着朝圣路线修建新教堂，这些教堂必须有足够大的空间来容纳众多朝圣者。为了达到这一目的，建筑师们从罗马的建筑先例中重新引入了拱顶，创造了宽敞、高挑的顶部结构。他们还在教堂内部的四周建造了辐射状的小教堂，以供私人礼拜。精心制作的石雕得以复兴和发展，内外墙均有描绘圣经故事的浮雕和雕塑。随后，许多国家也陆续改变和发展罗马式建筑风格。

哥特式风格

主要建筑师：马蒂斯·费尔南德斯（Mateus Fernandes）/ 阿诺佛·迪·坎比奥 /
阿拉斯的马蒂亚斯（Matthias of Arras）/ 尚·德·谢耶 / 海因里希·帕勒 / 康拉
德·普夫吕格尔（Conrad Pflüger）

重点提示

16 世纪之前，哥特式建筑一直被
称为"法国式"（Opus Francige-
num）。在不同国家衍生出各自的
风格之前，哥特式建筑风格的早
期阶段通常被归类为早期哥特式
（1140—1250）和盛期哥特式（约
1250—1300），如英国垂直风格
（Perpendicular style），以及法国
和西班牙的华丽风格（Flamboyant
styles），所有这些都具有繁复的装
饰，特别是高度精致的窗饰。

沙特尔大教堂，建筑师不详，
1194—1250 年，法国，沙特尔

哥特式风格始于 1140 年，当时的修道院院长叙热（约 1081—1151 年）为圣丹尼斯修道院修建了一个新的唱经楼。

苏格用建筑空间记录下弥漫在新教堂里的神圣之光，使信徒对建筑空间产生了敬畏之感。他在建筑元素中使用了尖形拱门、横接拱顶和巨大的花窗玻璃窗。

飞扶壁是哥特式建筑最著名的工程成就之一。它是建筑物外部的大型拱形结构，支撑并有效分散了高悬穹顶的承重。穹顶结构和宝石色的玻璃窗，使修道院充满绚丽的光线和色彩，所有这些建筑元素持续影响了三个多世纪的教堂建筑风格。

第一座哥特式大教堂——沙特尔大教堂（Chartres，1194—1220 年）建立在十字形平面上，并由两个对比鲜明的尖顶、飞扶壁的拱顶、刻有《圣经》人物形象的立面作为主要组成部分。

哥特式教堂广泛使用高大的尖顶，远距离观看时具有双重作用——抚慰和引导信徒，同时也传达出直接指向上帝的强烈印象。在教堂内部，花窗玻璃窗绚丽夺目，立柱凌驾于朝拜者之上，拱顶高耸入云。这种哥特式教堂的设计风格代表人间的天堂。

文艺复兴风格

约 1452
1580

主要建筑师：菲利波·布鲁内莱斯基 / 莱昂·巴蒂斯塔·阿尔伯蒂 / 安德烈亚·帕拉第奥 / 唐纳托·布拉曼特 / 米开朗基罗·博那罗蒂

重点提示

多纳托·布拉曼特（Donato Bramante）创造了一种融合古代寺庙元素的新型教堂，由正方形、圆形和八角形元素集中组织而成。他在罗马的圆形建筑坦比哀多礼拜堂（Tempietto）是一个小神社，融合了古典元素和新设计思想。圆顶、柱廊和柱顶结构源自罗马风格，但栏杆和基督教元素是新式的。

圣伯多禄大教堂的坦比哀多礼拜堂，多纳托·布拉曼特，1502年，意大利，罗马

在文艺复兴时期，意大利是由众多小型独立国家构成的，各城邦间的激烈竞争促使技术和艺术得到迅速发展。

这一时期始于1452年左右，建筑师兼人文主义者莱昂·巴蒂斯塔·阿尔伯蒂（Leon Battista Alberti，1404—1472年）在研究了古罗马遗迹和维特鲁威乌斯的建筑艺术之后，完成了他的《建筑艺术论》（*The Art of Building*）。他的作品涉及历史、城市规划、工程、神圣几何学、人文主义和美学哲学等多个学科，并阐述了建筑的关键要素及其理想比例。越来越多的人访问罗马，研究古建筑和遗迹，特别是竞技场和万神殿（见第60页）。很快，佛罗伦萨就用这种新风格建造了宏伟的建筑，包括帕齐礼拜堂（Pazzi Chapel，1441—1478年）和皮蒂宫（Pitti Palace，1458—1464年）。

位于佛罗伦萨的圣母百花大教堂（Santa Maria del Fiore，1294—1436年）的巨大穹顶是由布鲁内莱斯基菲利波·布鲁内莱斯基（Filippo Brunelleschi）设计的，他对线性透视的发现深刻影响了建筑图纸的绘制，这是一项令人难以置信的工程壮举。圣母百花大教堂于文艺复兴前兴建，但在建造过程中逐渐引入了一些文艺复兴的思想。文艺复兴始于意大利，并慢慢传播到欧洲其他地区，各地区都有不同的诠释。

莫卧儿风格

1526
1857

主要建筑师：米拉克·米拉扎·吉亚斯（Mirak Mirza Ghiyas）/ 马克拉玛特·汗（Makramat Khan）/ 乌斯塔德·阿玛德·拉霍里（Ustad Ahmad Lahori）/ 尤斯塔·伊萨·西拉齐（Ustad Isa Shirazi）

拉合尔古堡，众多建筑师，1566年—18世纪，巴基斯坦，拉合尔

重点提示

这座位于巴基斯坦拉合尔城墙北端的巨大堡垒，在1566年阿克巴统治期间几乎完全重建。后来又增加了一些细节装饰，包括用大理石、高度抛光的彩色石头和玻璃制作的一种马赛克饰面——"彩石镶嵌工艺"（pietra dura）。建筑巨大的阿拉姆吉里门（Alamgiri Gate）是在奥朗则布皇帝（Emperor Aurangzeb）的统治下建造的，奥朗则布于1658—1707年在位。

莫卧儿王朝（1526—1857年）见证了印度北部和中部建筑的演变，建筑风格融合了印度和波斯的印度教和穆斯林元素。

在莫卧儿王朝时期十分盛行双穹顶、凹形拱门、对称和精致的装饰。这种风格最早是在阿克巴大帝（Akbar the Great，1542—1605年）统治下发展起来的，当时德里有胡马雍皇帝（Emperor Humayun，1508—1656年）的陵墓。1565年，胡马雍皇帝的第一任妻子贝加·贝古姆皇后（Empress Bega Begum，约1522—1822年）委托波斯建筑师米拉克·米拉扎·吉亚斯（Mirak Mirza Ghiyas）设计，这是第一座大规模使用红砂岩的建筑，也是第一座采用波斯双穹顶设计的印度风格建筑。

莫卧儿王朝的建筑在国王沙贾汗（Shah Jahan）的统治下达到了顶峰，沙贾汗于1628年至1658年在位，其中最出名的建筑成就便是位于阿格拉（Agra）的泰姬陵（Taj Mahal）。这是一座始建于1631年的白色大理石陵墓。建筑耸立在庞大的方形底座上，有四面几乎相同的外墙，每一面都有一个高大的拱形入口，顶部有一个巨大的双穹顶和一个结合了伊斯兰和印度教象征的顶饰。四座高耸的宣礼塔，其外部装饰元素繁多，包括字体艺术、抽象形态、诗句和植物图案，而内部墙面则镶嵌着稀有而珍贵的宝石。

泰姬陵 第98页 穹顶 第172页 拱门 第173页 塔 第174页 砖 第195页 瓷砖 第198页 大理石 第200页 玻璃 第206页

帕拉第奥式

1556
—
1736

主要建筑师：安德烈亚·帕拉第奥 / 威廉·肯特 / 亨利·弗利特克罗夫特 / 伊尼戈·琼斯 / 文琴佐·斯卡莫齐（Vincenzo Scamozzi）/ 科尔恩·坎贝尔（Colen Campbell）/ 理查德·博伊尔（Richard Boyle）

奇斯威克之家，理查德·博伊尔（伯灵顿勋爵）和威廉·肯特，1726—1729年，英国，伦敦，奇斯威克

以意大利文艺复兴时期的建筑师安德烈亚·帕拉第奥（Andrea Palladio）命名，这种被称为帕拉第奥式的建筑风格从17世纪到19世纪一直在欧美流行。

围绕维特鲁威乌斯（Vitruvius）的理论，帕拉第奥和他的助手文琴佐·斯卡莫兹（Vincenzo Scamozzi）重新解读了罗马建筑。1570年，帕拉第奥出版了《建筑四书》（*I Quattro Libri dell'Architettura*），介绍了他是如何以对称、比例和对古典秩序的个人诠释为基本方法进行创作的。

伊尼戈·琼斯（Inigo Jones）将帕拉第奥的设计思想带到英国，并将其与其他文艺复兴时期的建筑元素结合起来。他在伦敦的两个帕拉第奥式设计是位于白厅大街的国宴厅（Banqueting House，1619—1622年）和位于格林威治的女王之家（1616—1635年）。帕拉第奥主义在各个国家的表现略有不同，其元素经常出现在教堂、宫殿、乡村住宅和民用建筑中，对当地建筑有着深刻的影响。门廊是一个突出的元素，经典的外立面为室内提供全角度景观，强调空间与立体结构的平衡，帕拉第奥式别墅建在靠近正面大楼梯的裙房上。

在美国，直到20世纪30年代，帕拉第奥式一直是公共建筑的主流风格。直至今日，许多建筑仍旧遵循帕拉第奥关于规划和比例的设计理念。

重点提示

据说奇斯威克别墅是受到帕拉第奥在16世纪设计的圆厅别墅（Villa La Rotonda）的启发。其正面有柱廊和科林斯柱，展示了帕拉第奥式所强调的对称形式。八角形的穹顶模仿的正是万神殿的圆顶，两侧的烟囱则以方尖碑造型加以掩饰。后面是三扇塞利安（Serlian）式窗户，同样属于帕拉第奥式。

巴洛克风格

主要建筑师：吉安·洛伦佐·贝尔尼尼 / 卡洛·马代尔诺 / 菲舍尔·冯·埃尔拉赫 / 弗朗切斯科·博罗米尼

巴洛克是第一次真正意义上的国际建筑运动，它在欧洲和拉丁美洲蔓延开来，人们对它的理解千差万别。

巴洛克式风格在反宗教改革之后出现，这是罗马天主教会试图传达其权力并强调上帝的伟大尝试。在描述形状奇特的珍珠时，葡萄牙语单词巴洛克（barroco）被用来形容这种奢侈、夸张、不规则的艺术、设计风格。巴洛克从 17 世纪初一直延续到 18 世纪中叶。

最先出现的巴洛克建筑是教堂和修道院，很快就延伸至市政建筑、豪宅和宫殿。以复杂性和动态性著称的巴洛克风格让墙、立面和室内装饰，第一次出现弯曲、起伏、扭曲和螺旋，强调了光与影的对比。拱形和装饰华丽的"视错觉"（trompe-l'oeil）天花板很常见。其他创新成就包括，吉安·洛伦佐·贝尔尼尼（Gian Lorenzo Bernini，1598—1680 年）于 1623 年在罗马圣彼得大教堂（Saint Peter's）引入了螺旋柱。他的竞争对手之一，弗朗切斯科·博罗米尼（Francesco Borromini，1599—1667 年）利用象征手法和精心调整后的古典形式创造了独特而奇妙的设计；而另一位对手皮埃特罗·科尔托纳（Pietro Cortona，1596—1669 年）则为罗马的圣卢卡·马蒂纳教堂（church of Santi Luca e Martina，1635—1664 年）创造了第一批弧形外墙。

重点提示

安康圣母教堂（Santa Maria della Salute）是威尼斯最早的巴洛克式教堂之一，具有戏剧性、平衡性和稳定性特征。由巴尔达萨尔·隆赫纳（Baldassare Longhena，1598—1682 年）设计，这是一座巨大的八角形建筑，建在一个木制平台上，有两个圆顶和两个锥形钟楼。巨大的卷轴状的蜗壳结构充当主圆顶的扶壁。

安康圣母教堂，巴尔达萨尔·隆赫纳，1631—1687 年，意大利，威尼斯

洛可可风格

1717
1766

主要建筑师：弗朗西斯科·巴托洛梅奥·拉斯特雷利 / 马特乌斯·文森特·德·奥利维亚（Mateus Vicente de Oliveira）/ 约翰·迈克尔·菲舍尔 / 祖斯特·奥里尔·梅森（Juste-Aurèle Meissonnier）

　　与凡尔赛宫巴洛克式外观的厚重壮丽相比，洛可可风格的建筑内部则更为明亮、浮夸和富丽堂皇。

　　洛可可（Rococo）这个名字来源于法语单词"rocaille"，意为贝壳工艺，"coquille"的意思是贝壳。洛可可建筑风格奇特而富有动感，突出不对称性，大量使用曲线、涡卷形元素、镀金和装饰。这种风格既异想天开又显得奢侈，在18世纪欧洲统治阶级的精英群体中广受欢迎，但事实上这种风格的持续时间相当短暂。

　　洛可可建筑在法国发展成为一种新的室内装饰方式，并在整个欧洲流行。它通常包括精致的装饰、金色元素、柔和的色彩，有时还显示出受中式风格的影响。最著名的洛可可建筑作品之一是建于1745年至1754年，位于德国巴伐利亚州施泰因加登镇的维斯教堂。兄弟设计师多米尼库斯·齐默尔（Dominikus Zimmermann）和约翰·巴普蒂斯特·齐默尔曼（Johann Baptist Zimmermann）将其设计成一座椭圆形建筑，有柱子、飞檐和木制拱顶，里面堆满了精致的镀金饰面和五颜六色的错视画（trompe-l'œil paintings）。

　　其他重要的洛可可式建筑还包括葡萄牙的克卢兹国家宫殿（1747—1792年），由马特乌斯·文森特·德·奥利维拉（Mateus Vicente de Oliveira，1706—1786年）设计，德国波茨坦的无忧宫中的"中国楼"（Chinese House，1754—1764年）由约翰·戈特弗里德·比林（Johann Gottfried Büring，1723—1788年）设计，外柱镀金，并带有中式风格。

重点提示

叶卡捷琳娜宫表现了君主制的绝对权力，它与圣彼得堡的冬宫（1754年）和凡尔赛宫一样辽阔辉煌。这是为伊丽莎白女王（1709—1762年）建造的宫殿，以她母亲的名字命名，华丽的灰泥外墙被等距的人字形装饰物分割开，并大量使用镀金材质装饰，搭配精致的阳台。

叶卡捷琳娜宫，弗朗西斯科·巴托洛梅奥·拉斯特雷利（Francesco Bartolomeo Rastrelli），1752—1756年，俄罗斯，列宁格勒州，普希金市

新古典主义风格

主要建筑师：雅克·热尔曼·苏夫洛 / 约翰·索恩 / 约翰·纳什 / 卡尔·戈特哈德·朗汉斯 / 罗伯特·亚当 / 贾科莫·夸伦吉

1748
—
1850

新古典主义建筑注重古希腊风格或古罗马风格的细节，朴素，白色的墙壁和宏伟的规模是其特征。

公元 79 年维苏威火山爆发，庞贝古城和赫库兰尼姆都被埋在火山灰下，这激发了人们恢复秩序和理性的想法。巴黎圣吉纳维教堂（Church of Saint Geneviève，1756—1797 年）是最早的新古典主义建筑之一，由雅克·热尔曼·苏夫洛（Jacques Germain Soufflot，1713—1780 年）设计，但在 1791 年成为一座民用陵墓，即著名的先贤祠。同时，克劳德·尼古拉斯·莱杜（1736—1806 年）通过他的建筑和城镇规划探索了纯粹的新古典主义形式。在柏林，卡尔·弗里德里希·辛克尔（Karl Friedrich Schinkel，1781—1841 年）根据罗马万神殿建造了将他的阿尔特斯博物馆（Altes Museum，1823—1830 年），而卡尔·戈特哈德·朗汉斯（Carl Gotthard

Langhans，1732—1808 年）则设计了勃兰登堡门（Brandenburg Gate，1793 年），灵感来源于雅典卫城的山门。在英国，约翰·纳什（1752—1835 年）和小约翰·伍德（1728—1781 年）用新古典主义设计了街道、新月形街区和公园，重塑了伦敦和巴斯。而在俄罗斯，查尔斯·卡梅伦（Charles Cameron，1745—1812 年）设计了圣彼得堡的巴甫洛夫斯克宫（1782—1786 年）。

新古典主义风格在美国建国初期非常流行。比如，在华盛顿特区有威廉·桑顿（William Thornton）和托马斯·乌斯蒂克·瓦尔特（Thomas Ustick Walter）设计的议会大厦，以及詹姆斯·霍班（James Hoban，1758—1831 年）设计的白宫（1792—1829 年；见 177 页）。无论是在大型建筑或小型建筑中，这种风格干净的线条、平衡感和比例感都起到了很好的效果。

重点提示

美国第三任总统托马斯·杰斐逊（Thomas Jefferson）在为弗吉尼亚州议会大厦（1788）和弗吉尼亚大学的圆形大厅（Rotunda，1822—1826 年）设计时借鉴了帕拉第奥和古典主义的理念。他把源于万神殿的比例直接应用在圆形大厅的设计中，同时遵循了帕拉第奥的设计原则。

圆形大厅，托马斯·杰斐逊，1822—1826 年，美国，弗吉尼亚州，夏洛茨维尔

→ 美国议会大厦 第112页 穹顶 第172页 拱门 第173页 柱 第177页 拱顶 第183页 砖 第195页 木 第196页 灰泥 第205页 玻璃 第206页 铁 第208页

哥特式复兴风格

约 1740
—
约 1920

主要建筑师：奥古斯塔斯·普金 / 尤金·埃曼纽尔·维奥莱特·勒杜（Eugène Emmanuel Viollet-Le-Duc）/ 大卫·布莱斯（David Bryce）/ 纽尔·路易吉·加利齐亚（Emmanuele Luigi Galizia）/ 路易斯·德拉森西（Louis Delacenserie）

自意大利艺术家、建筑师和作家乔治·瓦萨里（Giorgio Vasari，1511—1574年）嘲笑文艺复兴时期的哥特式风格起，中世纪建筑理念开始衰落。

哥特式风格的回归始于 17 世纪 40 年代，以英国的特威肯汉草莓山庄（1749—1766 年）为代表。这是哥特小说家霍勒斯·沃尔波尔（Horace Walpole，1717—1797 年）的宅邸，并由他亲自设计。到了 19 世纪 30 年代，更多的建筑师将新古典主义视为异端，开始根据看起来更虔诚的哥特式风格进行设计，包括尖顶、拱门、陡峭的屋顶、顶饰、尖顶窗和装饰性窗饰，但通常使用不同的材料，例如砖和铸铁。

哥特式复兴运动遍及欧洲、印度尼西亚、菲律宾、加拿大和美国，一直持续到 20 世纪。在法国，维克多·雨果（Victor Hugo，1802—1885 年）的《巴黎圣母院》（*The Hunchback of Notre Dame*）于 1831 年出版，吸引了人们对原始哥特式建筑的关注，并引发了类似风格的潮流。在 1844—1840 年，尤金·埃曼纽尔·维奥莱特·勒杜（Eugène Emmanuel Viollet le Duc，1814—1879 年）修复了巴黎圣母院和亚眠大教堂，进一步推动了哥特式复兴的进程。

在伦敦，查尔斯·巴里（Charles Barry）和奥古斯塔斯·普金（Augustus Pugin）设计了威斯敏斯特宫，乔治·吉尔伯特·斯科特（George Gilbert Scott，1811—1878 年）设计了圣潘克拉斯车站（1868—1876 年）。在纽约，卡斯·吉尔伯特（Cass Gilbert，1859—1934 年）设计了具有哥特式特征的伍尔沃思大厦（1913 年），在随后的 20 年里，它都是世界上最高的建筑物。

重点提示

维也纳市政厅由弗里德里希·施密特（Friedrich Schmidt，1825—1891 年）设计，主要采用哥特式复兴风格，并带有巴洛克风格的元素。包括一座 98 米的中央塔楼在内的 5 座塔楼腾空而起。而这座巨大的砖结构建筑，用石灰岩装饰，内含 7 个庭院，每个庭院由 6 层高的回字形建筑围绕。

维也纳市政厅，弗里德里希·施密特，1872—1883 年，奥地利，维也纳

夏克尔风格

主要建筑师：米查亚·伯内特（Micajah Burnett）/ 丹尼尔·古德里奇（Daniel Goodrich）

中心家庭住宅，米卡哈·伯内特，1824—1834 年，美国，肯塔基州，普莱森希尔

夏克尔教派（又称震颤教派、耶稣复活信徒联合会）是由英国出生的修女安·李（Ann Lee，1736—1784 年）创建的。她在 1774 年移民美国，建立了这个基督教的分支教派。

随着夏克尔教派的壮大，他们开始在美国东部建造村庄，并逐渐向西部蔓延。到 19 世纪中叶，总共有 19 个定居点和大约 6000 名教徒，主要分布在新英格兰地区、纽约州和肯塔基州。

写于 1821 年的《千年法则》（*The Millennial Laws*）包含了严格的建筑规则。共同生活的夏克尔教徒，用建筑装饰反映他们的信念，舍弃多余的线脚装饰和飞檐，用简单、实用、精细的工艺和秩序来显示建筑的至高无上，用明亮和清洁来驱除邪恶。为此，他们在建筑中大量增加窗户的数量，这种形式追随功能的做法，后来被现代主义建筑师所提倡。

夏克尔风格的建筑物很坚固。作为礼拜堂的集会场所是最重要的，每个聚集点都会有一个圆形的建筑，保证楼内能有一片空旷的空间举行"圆形舞蹈"（round dances）仪式。尽管早期的夏克尔风格建筑以简约、朴素为特点，但是到了 19 世纪末，一些稍显精致的元素开始出现，如阳台、塔楼和门廊。

重点提示

位于普莱森特山（Pleasant Hill）的夏克尔村由米查亚·伯内特（Michajah Burnett，1791—1879 年）和摩西·约翰逊（Moses Johnson，1752—1842 年）设计，在 1805 年至 1910 年被占领。除了遵循夏克尔教派的规则外，其建筑风格还受到当时流行的联邦风格的影响。建筑群落由住宅、谷仓和一座水塔组成，人们将水输送到村里的厨房、地窖和洗衣房。

芝加哥学派

主要建筑师：丹克马尔·阿德勒 / 丹尼尔·伯纳姆 / 威廉·霍拉比德（William Holabird）/ 威廉·勒巴伦·詹尼 / 路易斯·沙利文

1879
1910

重点提示

卡森、皮雷与斯科特大楼（The Carson，Pirie，Scott and Company Building）由路易斯·沙利文（Louis Sullivan）设计，采用钢框架结构，可以使大窗户的日光涌入室内。窗户之间是轻质的陶土带、镀铜铸铁装饰和保护圆塔。青铜和陶土在当时是与众不同的建筑材料，但它们具有耐火性，而且价格低廉。

卡森、皮雷与斯科特大楼，路易斯·沙利文，1899 年，美国，芝加哥

芝加哥学派是指 20 世纪初活跃在芝加哥的几位建筑师，尽管他们不属于任何群体。

19 世纪末，城市里的建筑师和工程师建造了这座摩天大楼，当时超过 10 层楼高的建筑物非常罕见。当时也还没有一个明确的风格，但这些建筑师是最早采用钢框架结构的建筑师，他们用大平板玻璃窗搭配极少的外部装饰。许多芝加哥学派的摩天大楼都是基于一根古典柱把建筑物分为三部分：最底层与地基对应，垂直井道贯穿中间各层，顶层通常有檐口，是财富的象征。

家庭保险公司大楼经常被称为"世界上第一座摩天大楼"，1884 年由威廉·勒巴伦·詹尼（William Le Baron Jenney，1832—1907 年）设计，他被称为"美国摩天大楼之父"。由于芝加哥的建筑大部分建在沼泽地上，无法用传统的方式支撑高层建筑，所以建筑师和工程师们想出了创新的方法。例如，丹克马尔·阿德勒（Dankmar Adler）利用自己曾为军事工程师的设计经验，设计出了由木材和钢梁制成的筏板基础。其整体性好，能很好地抵抗地基不均匀沉降。

温赖特大厦 第122页 塔 第174页 砖 第195页 木 第196页 混凝土 第201页 玻璃 第206页 铁 第208页 钢 第209页

工艺美术运动风格

1880
—
1920

主要建筑师：理查德·诺曼·肖 / 威廉·理查德·莱沙比（William Richard Lethaby）/C.F.A. 沃塞（Charles Francis Annesley Voysey）/ M.H. 贝利·斯科特（Mackay Hugh Baillie Scott）/ C.R. 阿什比（Charles Robert Ashbee）

　　几位英国建筑师和设计师决心摆脱他们所认为的工业化带来的负面影响，在 19 世纪末试图复兴手工艺。

　　工艺美术运动是由英国设计师、作家、艺术家、制造商和社会改革家威廉·莫里斯（William Morris）发起的，他最初是一名建筑师。莫里斯和他的追随者们厌倦了维多利亚时代的建筑和设计，认为机器和大规模生产降低了生活质量，他们的目标是回到前工业社会，他们希望恢复中世纪的手工技艺、个性化和相互协作的手工作坊，使用当地的材料，避免任何华丽的、刻意的或人为的风格。他们对于何为好的设计的认知，与他们对幸福社会的认知有关，尽管从工艺美术运动中产生的许多装饰作品错综复杂、色彩丰富，但其建筑却非常朴素。

　　艺术赞助人、评论家、绘图师、水彩画家和慈善家约翰·拉斯金（John Ruskin，1819—1900 年）也与这场运动有关，他认为工业革命的分工是不正确的。1900 年之后，工艺美术运动在欧洲传播开来，在德国流行。1907 年，德国创立了德意志制造联盟（Deutscher Werkbund）；在美国，家具制造商古斯塔夫·斯蒂克利（Gustav Stickley，1858—1942）倡导创办了《工匠》（*The Craftsman*）杂志。

重点提示

这座位于英国肯特郡贝克斯里赫斯（Bexleyheath）的红屋是由建筑师菲利普·韦伯和威廉·莫里斯于 1859 年共同设计的。它采用了本地的材料，真诚而不加掩饰地传达出建筑特点，所有外墙都由红砖打造，宽大的门廊、窗拱、尖顶、大壁炉和不对称的外观设计，无不体现出早期的工艺美术风格。

红屋，菲利普·韦伯和威廉·莫里斯，1859—1860 年，英国，肯特郡，贝克斯里赫斯

红屋 第116页　拱 第173页　石 第192页　砖 第195页　木 第196页　瓷砖 第198页　花窗玻璃 第207页

新艺术运动风格

1883
—
1914

主要建筑师：赫克托·吉马尔德／亨利·凡·德·威尔德／维克多·奥尔塔／
奥托·瓦格纳／约瑟夫·霍夫曼／安东尼奥·高迪

重点提示

安东尼奥·高迪是西班牙最著名的现代主义实践者。他的有机建筑受到日本设计和哥特式复兴风格的影响，融合了雕塑、花窗玻璃、铁工艺、木工艺和特蕾卡蒂斯镶嵌工艺（Trencadís）。"Trencadís"在加泰罗尼亚语中有"断裂"的意思，它是由大小不同的碎瓷片、大理石碎片或玻璃碎片拼贴成马赛克抽象图案的艺术表现形式。高迪经常同时进行几个项目，在1904年至1912年建造了巴特洛之家（Casa Batlló）和米拉公寓（Casa Milà）。

米拉公寓，安东尼奥·高迪，
1906—1912年，西班牙，巴塞罗那

　　从19世纪90年代初到1914年第一次世界大战爆发，新艺术风格所倡导的风格在许多国家都很流行。它是一个相对短暂但又极具影响力的艺术运动和设计理念。

　　新艺术风格几乎同时在欧洲和美洲蓬勃发展，试图创造出具有独特性和现代感的表达方式。建筑师和设计师着眼于自然形态、不对称、自由曲线和抛物线，旨在摆脱维多利亚时代流行的过度装饰风格和对于历史上各种风格的复制。众多建筑师吸取各种流派的艺术风格，包括工艺美术运动、凯尔特艺术、哥特式复兴、洛可可、唯美主义运动、象征主义艺术和日本设计，在设计中经常使用铁和玻璃等材料。新艺术风格虽然有其自身的明显特征，但也兼顾对众多地域性和民族性的诠释。

　　随着1900年巴黎世博会的举办，新艺术风格在国际上引起了轰动。当时为了在展览中展示新技术和新理念而建造的建筑，包括：勒内·比奈（René Binet，1866—1911年）设计的圆顶门廊及纪念碑式入口；尤金·赫纳德（Eugène Hénard，1849—1923年）设计的灯火通明的电力宫殿（Palais d'Electricité）；古斯塔夫·塞鲁里尔·博维（Gustave Serrurier-Bovy，1858—1910年）设计的埃菲尔铁塔脚下的蓝旗酒店（Pavillon Bleu）；赫克托·吉马尔德（Hector Guimard，1867—1942年）为地铁站设计的由铁工艺和玻璃构成的入口。

圣家族大教堂 第120页 **卡尔广场地铁站** 第124页 **穹顶** 第172页 **拱门** 第173页 **塔** 第174页
尖顶 第184页 **砖** 第195页 **瓷砖** 第198页 **混凝土** 第201页 **铁** 第208页 **钢** 第209页

现代主义风格

1900

主要建筑师：阿道夫·洛斯 / 奥古斯特·贝瑞 / 亨利·拉布鲁斯特（Henri Labrouste）/ 彼得·贝伦斯 / 阿道夫·迈耶（Adolf Meyer）/ 弗兰克·劳埃德·赖特

20世纪初，现代主义建筑开始在世界范围内兴起，摒弃装饰，倡导极简主义和使用现代材料。

受手工艺美术运动、新艺术运动、芝加哥学派、维也纳工坊（Wiener Werkstätte，1903年在维也纳成立）和德意志制造联盟（Deutscher Werkbund，1907年在慕尼黑成立）等运动的启发，现代主义风格最初在欧洲发展，专注于功能至上、材料得体、规避装饰等理念。

1909年，彼得·贝伦斯（Peter Behrens）设计了一座早期的现代主义建筑，用钢、玻璃和石材建造了AEG涡轮工厂（AEG Turbine Hall），这座建筑对现代主义产生了巨大的影响。1910年，奥地利和捷克的建筑师、理论家阿道夫·洛斯（Adolf Loos，1870—1933年）发表了演讲《装饰即是罪恶》（*Ornament and Crime*），后来作为论文发表，并设计了维也纳的斯坦纳之家（Steiner House，1910年）作为其设计思想的实践，完全舍弃了任何装饰。现代主义在20世纪20年代和30年代发展至顶峰，和包豪斯风格和国际风格一致，都以不对称、平屋顶、大窗户、金属、玻璃和开放式室内设计为特征。

现代主义风格在许多国家都有分支。1923年，建筑师尼古拉·拉多夫斯基（Nikolai Ladovsky，1881—1941年）、弗拉基米尔·克林斯基（Vladimir Krinsky，1890—1971年）等人在苏联成立了"阿诺瓦"（ASNOVA）新建筑师艺术协会。其建筑设计因注重功能性而被称为"理性主义者"。

重点提示

现代主义建筑把对功能的分析、对材料的合理使用、对装饰的回避联系在一起。从1911年起，受贝伦斯AEG涡轮工厂建筑设计的影响，瓦尔特·格罗皮乌斯（Walter Gropius）和阿道夫·迈耶设计了位于德国阿尔菲尔德的德国法古斯工厂，外墙采用了大面积平整的窗户和强化的横向直线外观。

法古斯工厂，瓦尔特·格罗皮乌斯和阿道夫·迈耶，1911—1925年，德国，下萨克森州，阿尔菲尔德

有机建筑风格

1908
1959

主要建筑师：弗兰克·劳埃德·赖特 / 布鲁斯·高夫（Bruce Goff）/ 雨果·哈林 / 伊姆雷·马科维奇（Imre Makovecz）/ 路易斯·康

弗兰克·劳埃德·赖特（Frank Lloyd Wright）创造了"有机建筑"一词，用来描述设计与周围环境协调的建筑。在临终前，赖特曾解释这种建筑的设计方法。他说："我想要一个自由的建筑。我希望建筑能属于你所看到的地方，是大自然的恩赐而不是对自然景观的一种毁坏。"赖特认为，建筑应该是特定时间和地点的产物，与特定的环境紧密相连，而不是把强加的、人为的风格赋予建筑。从1908年开始，他创作的建筑就像是从环境中自然生长而来，体现在他对材料、形式和颜色的选择上都呼应自然，也反映出他对日本传统文化的尊重。

赖特认为不应掩饰建筑中使用的材料，室内空间应尽量开放。他倡导在建筑中应用新技术、机械和材料，这种自然与现代的融合，加上他极具个性和创造性的设计方案，造就了杰出的建筑作品。赖特的建筑理想影响了众多设计师，包括圣地亚哥·卡拉特拉瓦（1951—　年），他以雕塑般的建筑设计而闻名，如巴塞罗那的巴克·德·罗达大桥（Bac de Roda Bridge，1985—1987年）和多伦多的布鲁克菲尔德广场（Brookfield Place，1990年）。约恩·乌松（Jørn Utzon）的悉尼歌剧院也是有机建筑的一个典型作品。

重点提示

流水别墅（Fallingwater）体现赖特的有机建筑原则。建筑依靠柱子的支撑，耸立在瀑布的悬臂式岩石之上，混凝土材料的悬臂式阳台与周围的自然环境相呼应。建筑与周围环境和谐地融为一体，而非刻意模仿自然形态，其形式和材料都经过精心选择，以适应自然环境。

流水别墅，弗兰克·劳埃德·赖特，1936—1939年，美国，宾夕法尼亚州，贝尔朗

流水别墅 第138页　悉尼歌剧院 第142页　柱 第177页　悬臂 第189页　石 第192页
砖 第195页　木 第196页　混凝土 第201页　玻璃 第206页

未来主义风格

1909
—
1933

主要建筑师：安东尼奥·圣伊里亚 / 马里奥·基亚通（Mario Chiattone）/ 安焦落·马佐内斯（Angiolo Mazzoni）/ 奥斯卡·尼迈耶

作为意大利未来主义运动的一部分，建筑师安东尼奥·圣伊里亚（Antonio Sant'Elia，1888—1916年）在20世纪早期创作了许多绘画作品，表达了他对未来城市的憧憬。

尽管圣伊里亚的计划从未实现，也没有建造出什么未来主义建筑，但他的设计表达了未来主义的理念——拥抱技术和机器时代，对后世影响颇深。未来主义始于诗人菲利波·托马索·马里内蒂（Filippo Tommaso Marinetti，1876—1944年）于1909年发表的一篇宣言，该宣言摒弃了过去，美化了战争和机器。未来主义建筑具有不寻常的角度、锐利的边缘、斜坡、圆顶、圆滑的线条和金属构件等特点。随之而来的宣言进一步彰显了现代生活，呼吁与过去诀别，表达了对技术、战争、速度和未来的向往。

1912年，圣伊里亚与马里奥·基亚通（Mario Chiattone，1891—1957年）在米兰开设了设计事务所，在那里他曾以"新城市"（La Città Nuova）为主题创作了大胆而生动的草图，由高架桥、悬空人行道和摩天大楼组成。1914年，又有一份宣言——《未来主义建筑》发布，主要由圣伊里亚撰写。它勾勒出一个由众多巨大而充满活力的城市所构成的新世界，并指出："我们必须发明和构建我们的未来城市，就像一座巨大而混乱的船坞，忙碌、可移动、到处充满活力，而未来的住宅就像一台巨大的机器。"

新城市：带四层电梯的阶梯式住宅，安东尼奥·圣伊里亚，1914年

重点提示

圣伊里亚对现代化城市的憧憬以"一台巨型机器"的建筑形式出现，并在不同高度延伸出各种通道，包括玻璃和金属的人行道、行车道和铁路。他想用新材料实现他的设计，没有点缀或装饰元素，而是融入了斜线和椭圆形状，以显示活力，完全抛弃了过去的建筑形式。

表现主义

1910 — 1933

主要建筑师: 埃里克·门德尔松 / 米歇尔·德·克勒克（Michel De Klerk）/ 布鲁诺·陶特 / 汉斯·波尔齐格 / 赫尔曼·芬斯特林 / 法里波兹·萨巴（Fariborz Sahba）

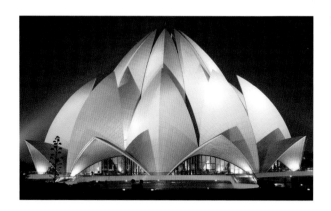

莲花庙，法里波兹·萨巴，1986 年，印度，新德里

1910 年至 1924 年，德国、奥地利、丹麦等地开展了一场探索人类情感的建筑运动，并很快被称为表现主义。

许多表现主义建筑师曾参加过第一次世界大战，痛苦的经历对他们的工作产生了很大的影响。表现主义建筑避免了传统的建筑形态和历史风格，常常采用创新的技术和材料来创作，具有主观性、个性化和异于寻常的表现力。表现主义建筑旨在表达建筑师的感受，并试图唤起观者的情感而不是理智反应。

因为他们的设计思想独特，所以许多表现主义建筑从未建造，只是作为绘画作品呈现出来，或只是作为临时建筑而存在。最早也是最著名的表现主义建筑是位于德国波茨坦市有着曲线造型的爱因斯坦塔（1919—1921 年），由埃里克·门德尔松（1887—1953 年）设计，旨在反映爱因斯坦的相对论。

表现主义摆脱了传统的设计标准，改变了人们对建筑的思考方式。许多建筑师把他们的设计作为艺术作品，从绘画和雕塑而不是机械中汲取灵感。在 20 世纪 50 年代和 60 年代，新表现主义运动的一个新分支发展起来，有着相似的情感和主观理想。

重点提示

莲花庙是新表现主义建筑的代表作品。巴哈伊教创始人之子阿博都·巴哈（Abdu'l-Bahá，1844—1921 年）规定，礼拜堂应为九面体的圆形建筑。受莲花的启发，建筑师法里波兹·萨巴（Fariborz Sahba，1948— 年）设计了 27 个大理石覆盖的独立"花瓣"，三个一组，形成九个面。

悉尼歌剧院 第142页 穹顶 第172页 柱 第177页 砖 第195页 大理石 第200页 混凝土 第201页 石膏 第203页 玻璃 第206页 钢 第209页

荷兰风格派

主要艺术家：格瑞特·里特维尔德 / 罗伯特·范·特霍夫 / J.J.P. 尤德 / 科内利斯·范·埃斯特伦 / 简·威尔斯（Jan Wils）/ 特奥·范·杜斯堡

施罗德住宅（Rietveld Schroder House），里特维尔德，1924—1925 年，荷兰，乌得勒支

重点提示

施罗德住宅是由格瑞特·里特维尔德按照荷兰风格派的理想建造的，其中包括完全独特的建筑风格。受施罗德夫人（Truus Schröder Schräder）的委托，她希望这座房子"宏伟而开放"，这座房子的垂直面和水平面都是不对称的，几乎所有的内墙都可以在室内移动，形成"活动隔断"。

作为一种简洁、和谐、有序的表达方式，荷兰风格派开始成为一种适应现代的通用视觉语言。

荷兰风格派是一场以 1917 年创办的刊物《风格》（*De Stijl*）为标志，而开启的一场艺术及设计运动。

该运动由画家兼建筑师特奥·范·杜斯堡（Theo van Doesburg，1883—1931 年）和画家彼埃特·蒙德里安（Piet Mondrian，1872—1944 年）领导，画家维尔莫斯·胡萨尔（Vilmos Huszár，1884—1960 年）、巴特·范·德·莱克（Bart van der Leck，1876—1958 年），以及建筑师罗伯特·范·特霍夫（Robert van't Hoff，1887—1979 年）和 J.J.P. 奥德（J. J. P. Oud 1890—1963 年）参与。建筑师格瑞特·里特维尔德（Gerrit Rietveld）于 1918 年加入。

这一运动的目的是通过将艺术、设计元素还原为基本的形式和颜色来表达形式和功能的理想融合，只有垂直和水平的角度，只有黑色、白色、灰色和原色。荷兰风格派从立体主义绘画演变而来，注重几何形式，强调平衡与和谐，其建筑思想受到荷兰建筑师亨德里克·贝尔拉赫（Hendrik Berlage，1856—1934 年）与弗兰克·劳埃德·赖特的影响，尤其是后者。

荷兰风格派的建筑特征包括平屋顶、平窗、笔直的垂直面和水平面，以及涂有高纯度的蓝色、黄色、红色，以及白色或灰色墙面。荷兰风格派很快扩大了规模，所有成员都致力于实现和谐的形式，其建筑成为包豪斯和国际风格建筑的重要渊源。

里特维尔德-施罗德住宅 第128页 窗 第167页 露台 第187页 砖 第195页
混凝土 第201页 石膏 第203页 玻璃 第206页 钢 第209页

国际主义风格

主要建筑师：勒·柯布西耶 / 理查德·奈特拉 / 菲利普·约翰逊 / 夏洛特·佩里安 / 艾琳·格雷 / 鲁道夫·辛德勒

1918
—
1939

E-1027别墅，艾琳·格雷，1926—1929年，法国，洛克布吕讷-马丁角

第一次世界大战后，国际风格在欧洲兴起，受到了近代运动各种思潮的影响，包括荷兰风格派和简约的现代主义，并与包豪斯运动有着密切的关系。

与之前几乎所有的建筑运动与思潮不同，国际风格消除了多余的装饰，使用了现代工业材料，如钢、玻璃、钢筋混凝土和铬。直线、平顶、不对称和白色，使国际风格在世界范围内成为现代性的象征。经历了可怕的战争之后，国际风格似乎提供了一个清爽、纯净、理性的未来。

1932年，由建筑师菲利普·约翰逊（Philip Johnson）和历史学家亨利·罗素·希区柯克（Henry-Russell Hitchcock，1903—1987）命名为国际风格，其代表人物是查尔斯·爱德华·詹内雷特（Charles Edouard Jeanneret）和勒·柯布西耶（Le Corbusier），他们在声明中清晰表述了"房子是居住的机器"这一观点。

1914年，他们为一些由钢筋混凝土制成的建筑原型申请了专利，这些原型被称为"多米诺体系住宅"（Dom-ino Houses），由柱列（pilotis）支撑。1923年，勒·柯布西耶出版了《走向新建筑》（Vers une Architecture），解释了他的"新建筑五要素"（Five Points of a New Architecture）。他认为建筑应该有带状窗户，或者至少要有水平方向的窗户，可以自由布置内墙，并有柱列、平坦的屋顶或屋顶花园。勒·柯布西耶在巴黎周围设计了几栋别墅，包括20世纪20年代的萨伏伊别墅（Villa Savoye），充分体现了这些理论。

重点提示

由女性建筑师和家具设计师艾琳·格雷（1878—1976年）设计和建造，当时女性设计师很难进入男性主导的建筑设计领域，白色L形E-1027别墅拥有大而朴素的窗户，极少的装饰和开放式室内设计。格雷还设计了配套的室内家具。

萨伏伊别墅 第134页 柱廊/门廊 第186页 脚柱 第188页 悬臂 第189页
砖 第195页 混凝土 第201页 灰泥 第205页 玻璃 第206页 钢 第209页

包豪斯风格

1919
—
1933

主要建筑师：瓦尔特·格罗皮乌斯 / 汉斯·迈耶 / 汉斯·维特尔（Hans Wittwer）/ 路德维希·密斯·凡·德·罗 / 马特·斯坦 / 马塞尔·布劳耶

包豪斯是一所极具影响力的德国设计学校，由瓦尔特·格罗皮乌斯（Walter Gropius）于1919年创建，传授艺术、设计以及工业生产技术方面的广泛技能。

包豪斯的学生须学习全面的设计方法——从建筑到绘画，从陶瓷到家具设计，从版式到纺织设计，等等。这所学校在德国三座城市间辗转，由三位不同的建筑师领导：1919年至1925年，瓦尔特·格罗皮乌斯在魏玛创建包豪斯学校；1925年至1932年，学校迁至德绍，汉斯·迈耶（Hannes Meyer，1889—1954年）于1928年接任校长；1930年，路德维希·密斯·凡·德·罗（Ludwig Mies van der Rohe）接任校长，并于1932年负责把学校迁至柏林。

包豪斯学校直到1927年才开始教建筑学，1933年纳粹政权关闭了这所学校，但教职员工和学生在整个职业生涯中继续实践其理想主义思想，在世界各地塑造现代主义风格。通过对形式和材料的研究，学生们成为擅长素雅表达的专家，创造出强调功能、实用、线条简洁、不需要多余装饰的建筑。大多数包豪斯建筑都是混凝土结构、几何形、平顶有大型金属框架窗户，并采用简化的配色方案。

重点提示

在德绍的包豪斯，格罗皮乌斯设计了一个建筑群，其中包括三对半独立的包豪斯大师住宅。用不同高度的"互锁"结构（interlocking structure）建造而成，房屋部分由预制构件建造，包括朴实无华的大窗户和阳台、彩色或灰色调的墙面。这座建筑是为拉兹洛·莫霍利·纳吉（LaszlóMoholy Nagy，1895—1946年）建造的。

拉兹洛·莫霍利·纳吉住宅，瓦尔特·格罗皮乌斯，1925—1926年，德国，德绍

装饰艺术风格

主要建筑师：瓦尔特·提格 / 威廉·兰姆 / 松井康夫 / 威廉·范·阿伦（William Van Alen）

1925
—
1940

帝国大厦，史莱夫，兰姆与哈蒙建筑公司，1929—1931年，美国，纽约

重点提示

由史莱夫，兰姆与哈蒙建筑公司（Shreve，Lamb and Harmon）设计的纽约帝国大厦，是一座由石灰石覆盖的摩天大楼。帝国大厦建于1931年，高约443米，共有102层，是一座装饰艺术风格的建筑。帝国大厦的顶部尖塔就像是古巴比伦的塔庙建筑。在建成后的40年里，它一直是世界上最高的建筑物。

装饰艺术是一种影响全球的艺术、设计和建筑风格。1925年在巴黎举办的一次展览涵盖家具、纺织品、陶瓷、装饰品、绘画、雕塑和建筑领域，后来被命名为装饰艺术。

尽管装饰艺术在第二次世界大战开始时就结束了，但它的影响力依然存在。其元素深受古埃及、古希腊、古罗马、非洲、阿兹特克和日本风格的影响，也借鉴了未来主义、立体派和包豪斯风格。作为魅力、活力和现代性的集中体现，装饰艺术的建筑特征包括圆柱、山墙、拱门和尖顶，并带有强烈的几何特征。经常应用大胆的色彩、浮雕设计、转角图案和其他造型，如V形、闪电形和放射形光线装饰。主要材料包括铬、黄铜、银亮钢和铝、木质镶嵌装饰、石材和花窗玻璃。

装饰艺术风格最初在公共和商业建筑中使用，随后沿用至住宅建筑，通常带有弯曲的墙壁、拱门、鲜艳的花窗玻璃、琉璃瓷砖和大窗户。装饰艺术风格逐步演变为流线型现代风格（Streamline Moderne）或现代艺术风格（Art Moderne），其美学造型更为精简，融合了曲线元素、简洁的线条和极少的装饰结合，造型多源于当时建造的大型邮轮，风格源于当时的机器抛光工艺。

短程线穹顶结构

1926

主要建筑师：理查德·巴克敏斯特·富勒 / 瓦尔特·鲍尔斯菲尔德（Walther Bauersfeld）/ 托马斯·C. 霍华德（Thomas C. Howard）

短程线穹顶是一种薄壳状半球形结构，多由三角形网格刚性结构构成。短程线穹顶结构提供了一个强大、轻量级的框架，使它们能够承受沉重的负载。美国工程师、建筑师理查德·巴克敏斯特·富勒（Richard Buckminster Fuller）从 20 世纪 40 年代开始大力提倡短程线穹顶结构建筑，尽管这种风格并不是他发明的。第一个短程线穹顶结构由德国工程师瓦尔特·鲍尔斯菲尔德（Walther Bauersfeld，1879—1959 年）设计，他在 1912 年开始为卡尔·蔡司光学公司（Carl Zeiss Optical Company）设计天文馆。第一次世界大战中断了进展，但此后不久又得以恢复，该项目最终于 1923 年在德国耶拿的公司总部竣工。

两次战争之间，鲍尔斯菲尔德在德国和美国设计出众多的案例，但直到 20 世纪 40 年代，巴克敏斯特·富勒才将这种短程线圆顶结构命名为"短程线穹顶结构"。他于 1954 年 6 月获得美国专利，美国海军陆战队开始尝试用直升机运送短程线穹顶结构。

短程线穹顶建筑格外坚固，建造速度快，可用于多种特殊用途，例如礼堂、气象观测台和存储设施。在 1964 年纽约世界博览会上，协同公司（Synergetics，Inc.）的托马斯·C. 霍华德（Thomas C. Howard，1931）设计了一个短程线穹顶作为临时建筑。1982 年 10 月，巴克敏斯特·富勒最著名的短程线穹顶建筑——"地球"号宇宙飞船在佛罗里达州瓦尔特迪斯尼乐园的未来世界中心（EPCOT，全名 Experimental Prototype Community of Tomorrow）落成。

重点提示

1967 年加拿大蒙特利尔世界博览会上的美国馆，由巴克敏斯特·富勒设计。现在，这座短程线穹顶建筑改为蒙特利尔自然生态博物馆，宣传环保理念，建筑由一层钢杆构架而成，这些钢杆组成三角形和六角形阵列结构，并用亚克力板密封。

野兽派风格

主要建筑师：保罗·鲁道夫（Paul Rudolph）/ 恩诺·德芬格（Erno Goldfinger）/ 艾莉森·史密森／彼得·史密森／克洛林多·特斯塔（Clorindo Testa）/ 汉斯·阿斯普伦德（Hans Asplund）

圣保罗艺术博物馆，琳娜·博巴尔迪（Lina Bo Bardi），1956—1968年，巴西，圣保罗

重点提示

圣保罗艺术博物馆(MASP)是巴西标志性的现代建筑之一，由丽娜·柏·巴蒂（1914—1992年）设计，建筑设计限定不遮挡现场的景观。她创造了一个既简单又强大的解决方案，悬梁挑起巨大混凝土和玻璃结构，并为下方留出广阔空间。

野兽派风格基于社会平等理念，灵感来自勒·柯布西耶（Le Corbusier）于1947年至1952年在马赛的设计的住宅——马赛公寓（Unité d'Habitation）。

野兽派这个词最初是由瑞典建筑师汉斯·阿斯普伦德（1921—1994年）创造的，但是勒·科布西耶使用了"纯粹水泥"（béton brut）一词，这个法语词汇意为"浇注混凝土"。因为他选择混凝土作为住宅建筑的材料，这一点特别有影响力。建筑师艾莉森·史密森（Alison Smithson，1928—1993年）和彼得·史密森（Peter Smithson，1923—2003年）很快就采用了这个名字，当建筑评论家雷纳·班汉姆（Reyner Banham，1922—1988年）在1966年出版《新朴野主义》（*The New Brutalism*）一书时，人们普遍接受了这个名字。

这种风格盛行于20世纪50年代至70年代中期，其建筑风格的主要特征是使用混凝土，虽然混凝土本身并不新鲜，但暴露在外墙面时却显得与传统相违背。在野兽派风格之前，混凝土通常隐藏在其他材料之下。混凝土材料在野兽派建筑中的暴露使用，加上完全没有装饰，表明了野兽派风格的纯粹——没有任何东西需要隐藏或伪装。

体积庞大、外观坚固、通常具有重复的模块化元素，大多数野兽派建筑是为政府和相关机构而建，如塔楼、教学楼和购物中心。史密森和恩诺·德芬格（1902—1987年）是最早支持这种风格的建筑师，这种建筑风格形式逐渐发展至世界众多国家。

栖息地67号 第146页 柱 第177页 露台 第187页 砖 第195页 混凝土 第201页 玻璃 第206页 钢 第209页

后现代风格

1964—1999

主要建筑师：罗伯特·文丘里 / 丹尼斯·斯科特·布朗 / 迈克尔·格雷夫斯 / 菲利普·约翰逊 / 汉斯·霍莱因 / 奥尔多·罗西 / 查尔斯·摩尔（Charles Moore）

新奥尔良市意大利广场，查尔斯·摩尔（Charles Moore），1978年，美国，新奥尔良

重点提示

查尔斯·摩尔（1925—1993年）倡导任何人都可以享受的"包容性"建筑理念。他设计了新奥尔良的意大利广场，以纪念该地区的意大利公民，其特色是色彩鲜艳的柱廊、拱门和钟楼，在建筑细节中用霓虹灯和金属装饰加以点缀，所有建筑元素都沿着充满异国情调的喷泉而建，呈曲线形式排列。

后现代主义是 20 世纪末出现的一种，针对现代主义设计而言，折中的融合方式，当时现代主义被认为过分单调和保守。

与众多设计思潮一样，后现代主义与现代主义形成了完全的对立。1966 年，建筑师罗伯特·文丘里（Robert Venturi，1925—2018 年）出版了他的著作《建筑的复杂性与矛盾性》（*Complexity and Contradiction in Architecture*），书中称赞了罗马风格主义和巴洛克建筑的独创性和创造性，并鼓励当代设计尝试实验性和复杂性。批判光滑的钢铁结合玻璃的现代主义建筑是如此刻意追求朴素、形式单调乏味。并且在针对现代主义的格言"少即是多"的指责中，文丘里说"少就是乏味"。他的理论对后现代主义的发展产生了重大影响。与此同时，在世界各地，后现代主义建筑师创造了激进、玩世不恭、诙谐的设计风格。他们认为在经过多年精简、纯净的现代主义风格之后，建筑设计风格势必逐渐走向解放。

他们还运用现代材料和超乎常规的技术辅助来创作，从而实现令人惊叹的个性化建筑作品，例如第一座后现代主义建筑——罗伯特·文丘里和丹尼斯·斯科特·布朗（Denise Scott Brown，1931 年）于 1964 年竣工的母亲之家（Vanna Venturi House），以及伦敦最重要的后现代建筑詹姆斯·斯特林（James Stirling，1926—1992 年）的波特丽 1 号大楼（No. 1 Poultry），该建筑在斯特林去世的 1997 年建成。

极简主义风格

主要建筑师： 安藤忠雄 / 路易斯·巴拉甘 / 约翰·波森 / 西泽立卫 / 妹岛和世 / 阿尔伯托·坎波·巴埃萨 / 克劳迪奥·西尔维斯特林

1960

重点提示

关税同盟管理与设计学院建于德国埃森的一处历史工业遗址，由妹岛和世（Sejima Kazuyo）和西泽立卫（Ryue Nishizawa）创立的萨那设计事务所（SANAA）设计。建筑外观看起来只是一个巨大的混凝土立方体。然而，外观简单明了，内部空间却千差万别，包括不同高度的天花板设计。

关税同盟管理与设计学院，SANAA设计事务所，2005—2006 年，德国，埃森

极简主义源自荷兰风格派、包豪斯风格和国际风格，延续了对功能性和简约原则的注重。

20 世纪 60 年代末和 70 年代是极简主义的鼎盛时期，其目标不仅仅是减少表现形式，而是减少所有的表现元素。这场运动深受日本传统建筑的影响，这些建筑减少并避免了多余的元素。极简主义建筑注重简化形式、空间和材料，减少设计元素，避免装饰或图案的出现。一旦所有的元素都以这种方式精简，任何极简主义建筑作品所剩下的都是"本质"。

尽管大多数建筑师都试图使建筑与周围环境协调一致，但极简主义的倡导者们将其作为他们的设计出发点和主要关注点。安藤忠雄（Tadao And，1941— 年）就是一个例子，他将传统的日本建筑理念与个人表达融合在一起，将几何学和自然结合起来。他常用的材料是混凝土或木材，其建筑风格元素是朴素、具有几何感，并最大限度地扩大使用空间和采光面积。另一位日本建筑师妹岛和世不仅独立从事设计工作，而且与西泽立卫合作成立 SANAA 设计事务所。她设计的建筑通常以轻薄的表面和透明元素为特点。

森山邸 第156页 中庭 第180页 悬臂 第189页 石 第192页 玻璃 第206页 钢 第209页 铝 第210页 钛 第215页

高技派风格

主要建筑师：诺曼·福斯特 / 理查德·罗杰斯 / 伦佐·皮亚诺 / 迈克尔·霍普金斯 / 让·努维尔 / 圣地亚哥·卡拉特拉瓦

受工程、新技术和机械的影响，高技派建筑为建筑的建造注入了新的灵感。

这一设计运动有时被称为鲍威尔主义或结构表现主义，始于 20 世纪 70 年代初，当时一些建筑师将最新的工业和技术组件集成到建筑的外部结构，将它们与轻质、光滑的材料相结合，如钢、铝和玻璃。

在某些方面，高技派是在现代主义的基础上发展起来的；但另一方面，它又是对现代主义的一种反叛。高技派使管道、风道、自动扶梯、电梯和其他通常隐藏在建筑内部的结构变成建筑的装饰物。这种设计手法最著名的案例是巴黎蓬皮杜艺术

文化中心（1971—1977 年），由伦佐·皮亚诺（Renzo Piano）和理查德·罗杰斯（Richard Rogers）设计。罗杰斯和诺曼·福斯特（Norman Foster）是高技派风格最早的支持者之一。

除了富有表现力的工业建筑外，高技派建筑通常具有灵活的内部结构，而且往往使用意想不到的色彩作为补充。总的来说，其建筑风格以注重戏剧化表达、关注建造技术为特征，通过探索悬臂、条形窗、混凝土塔楼、弧形墙、外露钢结构、可视化空调管道等建筑元素，以及活动隔板和外挂功能，展示"技术改变世界"的理念。

重点提示

当诺曼·福斯特设计的汇丰银行总部大厦在中国香港建成，它便成为当时世界上最昂贵的建筑。建筑极具创新性，内部没有支撑结构，大厦顶部有一个充满张力的巨大中庭。中庭上方是一片可以反射光线的曲面天花板，为建筑提供了主要的光源，有助于节约能源，安装在外部的遮阳板也是如此。

汇丰（HSBC）大厦，诺曼·福斯特和合作伙伴，1983—1986 年，中国，香港

可持续主义风格

主要建筑师：杨经文 / 埃里克·科里·弗里德（Eric Corey Freed）/ 威廉·麦克唐纳 / 罗尔夫·迪施 / 格伦·穆卡特 / 斯特凡诺·博埃里

1970

藤泽可持续智慧小镇，众多建筑师，2010—2014 年，日本，神奈川县，藤泽市

可持续建筑只使用环保技术和材料，力求尽量减少建筑对环境的负面影响。

可持续建筑通常被称为"绿色建筑"，最早出现在 20 世纪 60 年代末，当时人们逐渐认识到人类对生态系统的破坏。为了解决这些问题，一些建筑师开始探索解决方法。总的来说，可持续建筑力求通过寻找在材料使用和能源消耗方面的最佳功效比，尽量减少建筑物对环境的影响。在建筑的整个生命周期中实现节能、低耗是可持续发展建筑的首要目标，并通过以下方式实现：使用自然的、来源合乎道德和可循环利用的材料；通过有效的绝缘材料保持热量；使用替代能源或可再生能源；使用太阳能供暖和通风，减少对煤炭的消耗和对空调的依赖。

重点提示

位于东京附近，具有开创性的藤泽可持续智慧小镇的目标是在地震带创建一个完全可持续发展的小镇。每家每户都有可持续发展的技术，包括太阳能电池板和燃料处理器，所有这些设施都通过智能电网连接起来。受枝叶结构启发而设计的道路布局，让每条街道上的空气流通，减少居民对空调的需求。

解构主义风格

1980
—
2005

主要建筑师：弗兰克·盖里 / 丹尼尔·里伯斯金 / 雷姆·库哈斯 / 彼得·艾森曼
/ 扎哈·哈迪德 / 伯纳德·屈米 / 沃尔夫·D.普瑞克斯

　　解构主义以重建结构、表面和形态为特征，关注形式的自由，拒绝功能性带来的约束。

　　从20世纪70年代末到21世纪初，解构主义建筑出现在世界各地，挑战人们对建筑的全新的期望和看法。这些建筑让许多人看起来觉得支离破碎，但却是精确计划和执行的结果。一些解构主义建筑看似不合逻辑、缺乏条理，而另一些则传达着和谐与流动。大多数都给人一种分裂和不可预测的感觉，同时缺乏对称性。解构主义在后现代主义的影响下，也受到了结构主义和未来主义的启发，并受到法国哲学家雅克·德里达（Jacques Derrida，1930—2004年）的理论影响，他认为意义是由于关系而存在的，例如硬是由于软而存在：我们知道事物是什么，因为我们知道事物不是什么，事物的含义会随着时间而改变。

　　因此，解构主义建筑往往违背了人们的预期。例如，它可能包括对角线和意外的造型。解构主义的一件典型作品是在比尔巴鄂（见215页）由弗兰克·盖里（1929年）设计的既具流动感而又耀眼夺目的古根海姆博物馆（Guggenheim Museum，1992—1997年）。另一座位于布拉格的舞动的房子（Dancing House，1992—1996年），是盖里与弗拉多·米利尼奇（Vlado Milunic，1941—　年）合作的作品，与布拉格的历史建筑形成了鲜明对比。

重点提示

1988年，丹尼尔·里伯斯金（Daniel Libeskind，1946—　年）被选为柏林犹太人纪念馆扩建工程的设计师。他对建筑设计的激进思想反映出空虚、虚无和隐秘的感觉，与大屠杀对柏林及其周边区域生活的犹太人的影响相呼应。锯齿形的建筑没有外部入口，入口和出口均通过地下走廊。

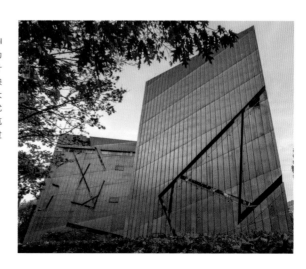

犹太人纪念馆，丹尼尔·里伯斯金，
1992—1999年，德国，柏林

建筑

大金字塔

埃及，吉萨

约前 2589
——
前 2566

古埃及风格 第12页

金字塔建筑

大约在公元前 2650 年，金字塔被建造为古埃及贵族的陵墓。第一座金字塔是阶梯式的，按照宗教信仰的要求，都建在日落的尼罗河西岸。数以万计的工人被雇用来建造它们，在建造过程中，工人们被安置在附近的巨大营地里。

在埃及吉萨有三座为古王国和中古王国国王建造的直角金字塔，其中大金字塔，也称为胡夫（Khufu）金字塔或基奥普（Cheops）金字塔，是最古老、最高大的金字塔。

作为公元前 2589 年至公元前 2566 年在位的胡夫法老的陵墓，这座大金字塔遵循现代设计，达到了很高的高度，直指众神，在整个区域形成了一个威严存在的建筑。它最初被光滑的白色石灰岩外壳覆盖，是 3800 多年来世界上最高的人造建筑。这座金字塔巨大，但建造相当精密，高 146.5 米，由大约 230 万块石灰岩建造。白色的石材来自河对岸附近的采石场，一些最大的花岗岩来自 804 公里外的阿斯旺。石膏灰浆把这些石块粘在一起，塔尖处可能充满了黄金。据估计，这项工程使用了 550 万吨石灰石、8000 吨花岗岩和 50 万吨砂浆，耗时 10 至 20 年。里面有三个已知的房间，通过狭窄的通道可以到达。最底层的墓室最终没能完工，而"皇后墓室"和"国王墓室"则位于高位。

其他关键作品

佐瑟阶梯金字塔，建筑师不详，约公元前 2650 年，埃及，萨卡拉

斯内弗鲁红色金字塔，建筑师不详，约公元前 2600 年，埃及，开罗

卡弗雷金字塔，建筑师不详，约公元前 2570 年，埃及，吉萨

➜ 石 第192页 石膏 第203页

帕特农神庙

伊克蒂诺斯 / 卡利克拉提斯 / 菲迪亚斯

希腊，雅典

前 447
—
前 432

帕特农神庙建在雅典卫城的高处，是为了安放雅典娜女神的雕像，并纪念雅典成功击败入侵的军队而建。

帕特农神庙由建筑师伊克蒂诺斯（Ictinus）和卡利克拉提斯（Callikrates，两者均活跃于公元前 5 世纪中叶）设计，建造工作由建筑师和雕塑家菲迪亚斯（Phidias，约前 480— 前 430）监制，菲迪亚斯还为帕特农神庙中央大厅（神龛）设计了巨大的雅典娜雕像。在此之前的希腊神庙都没有如此奢华的装饰，而且神庙中有大量的雕塑，史无前例地消耗了 2.2 万吨来自附近潘泰利库斯山（Mount Pentelicus）的白色大理石。

帕特农神庙的设计融合了两种建筑风格——多立克（Doric）风格和爱奥尼亚（Ionic）风格，并且在极大范围内利用了 4:9 的比例关系：如，柱子的直径和间距之比，建筑物的高度和宽度之比，以及内室的宽度和长度之比均为 4:9。帕特农神庙还应用各种技术手段，包括使用卷杀，即柱身形成微凸曲线，让立柱在中间隆起，使建筑看起来具有完美的比例，并从远处看建筑细节时能产生直线的视错觉。这些柱子的排列很不寻常，正面有 8 根，侧面有 17 根，而且比其他同时代寺庙的柱子更细，排列更加紧密。最初整座建筑都有雕塑装饰带环绕，屋顶是用雪松横梁和大理石砖建造的。

伊克蒂诺斯、卡利克拉提斯和菲迪亚斯

据普鲁塔克（Plutarch）所记载，伊克蒂诺斯、卡利克拉提斯和菲迪亚斯也主持过希腊其他几座神庙的建设工作。卡利克拉提斯在雅典工作期间，参与由政治家伯里克利将军（Pericles，前 494— 前 429 年）倡导的伟大建设计划。菲迪亚斯因其雕塑而闻名，并担任卫城所有建筑和艺术作品的督导。

其他关键作品

阿菲亚神庙，建筑师不详，约前 490 年，希腊，埃维纳

赫菲斯托斯神庙，建筑师不详，约前 449 年，希腊，雅典

伊瑞克提翁神殿，建筑师不详，约前 406 年，希腊，雅典

桑奇窣堵波

印度，中央邦

窣堵波建筑

尽管有地域差异，但所有的窣堵波都有三个基本特征。首先是安达圆顶（anda），即实心半球形圆顶。在安达的里面是叫作塔贝纳（tabena）的遗迹室；其次，是哈米卡（harmika）塔身或方形栏杆；再次，是支撑华盖（cha-tra）的中央支柱，该结构为圆顶提供支撑与保护。

印度中部地区，桑奇的大窣堵波是随后所有窣堵波建筑形式的原型。

桑奇窣堵波是印度最大和最古老的石头建筑之一，由孔雀王朝（Mauryan）皇帝阿育王（Ashoka，前303—前232年）于公元前3世纪首次建造。后来用石材扩大到初始大小的两倍。传统上认为窣堵波是存放佛祖舍利的地方，其中心结构是一个实心砖半球形穹顶（anda），最初在一个涂有光滑灰泥饰面的石头平台上建造而成。在宗教节日，人们在圆顶的凹处放置一些灯饰，因为圆顶象征着在地球上仰望的天堂。圆顶底部环绕着一个带栏杆的露台，忠实的信徒在那里按顺时针旋转进行宗教仪式。

整个建筑被一圈低栏（vedika）所包围，在4个基点上各有一座塔门（torana）。这些都是在公元前一世纪添加的。每扇塔门都由两个立方体柱子构成，柱头雕刻了动物或传说中的矮人，顶部有三个额枋。建筑的所有区域都覆盖着浮雕，描绘了佛陀生命中的重大事件、佛陀的前世故事、早期佛教的场景以及其他相关标志物。在建筑顶部，有伞状的结构，或华盖（chatra）顶，象征着建筑的崇高。

其他关键作品

婆罗浮屠塔，建筑师不详，公元9世纪，印度尼西亚，爪哇，婆罗浮屠村

阿玛拉瓦蒂窣堵波，建筑师不详，公元前3世纪至公元250年，印度，安得拉邦，阿玛拉瓦蒂

鲁梵维利萨亚窣堵波，建筑师不详，公元前137年，斯里兰卡，阿努拉德普勒

穹顶 第172页 石 第192页 砖 第195页 石膏 第203页

万神殿

意大利，罗马

约 114
—
124

罗马的万神殿以其巨大的入口门廊和巨大的圆形穹顶而闻名，是所有罗马寺庙中保存最完好的。

万神殿拥有至今仍然是世界上最大的无钢筋混凝土穹顶，以其独特的比例和工程成就而闻名。我们现在看到的万神殿可能始建于图拉真皇帝（Emperor Trajan，53—117 年）统治时期，结束于哈德良皇帝（Emperor Hadrian，76—138 年）统治时期，实际上是重建了一座始建于公元前 27 年，后毁于火灾的庙宇。万神殿的正面是一个由 8 根花岗岩科林斯柱支撑的门廊，侧面还有 3 根廊柱，通向一个巨大的圆形、装饰华丽的空间，或称为大殿。建筑整体是一个开放、通风、统一的空间，由一系列拱门组成，而以往寺庙的大殿通常是长方形的。

建筑的圆顶是一个直径为 44.3 米的半球体，其直径的长度等于圆顶到直径的高度。圆顶上凹陷的嵌板和格栅结构加固了屋顶，并有效减轻了自身重量，把来自顶部的压力转移到下方宽阔的砖墙上。当铜门关闭时，圆顶中心的镂空点是唯一的光源。万神殿的意思是"众神在此"，公元前 609 年它成为第一座被奉为天主教堂的神庙，更名为圣玛丽亚教堂。许多基督教殉道者的遗体从罗马的地下墓穴迁移至此，葬于地下。

罗马建筑

倍受尊敬的古罗马建筑师曾建造出大量经典建筑作品。他们的工作融合了工程学、测量学和建筑学。其中最伟大的建筑师是马可·维特鲁威乌斯·波利奥（Marco Vitruvius Pollio，前 75—前 15 年），他为恺撒大帝（Julius Caesar，约前 100—前 44 年）工作，建造了许多建筑物，并撰写了《建筑十书》（De Architectura），阐述建筑是艺术和科学的统一，影响了后续几个世纪的建筑师的思想。

其他关键作品

四方神殿，建筑师不详，公元 2 世纪，法国，尼姆

巴克斯神庙，建筑师不详，150—250 年，黎巴嫩，巴勒贝克

哈德良神庙，建筑师不详，145 年，意大利，罗马

圣索菲亚大教堂

伊西多尔 / 安西米乌斯

土耳其，伊斯坦布尔

米利图斯的伊西多尔和特拉勒斯的安西米乌斯

在设计圣索菲亚大教堂之前，米利图斯的伊西多尔在亚历山大和君士坦丁堡的大学讲授立体测量学和物理学。他研究了古希腊物理学家、发明家和数学家阿基米德（Archimedes，前 287—前 212 年）的作品，并写了一篇关于拱顶的论文。安西米乌斯是数学家、物理学家和工程师。

公元五世纪罗马沦陷后，罗马帝国的东部地区幸存下来，由基督教皇统治，教皇的总部设在首都君士坦丁堡（今伊斯坦布尔）。

第一座基督教堂——圣索菲亚大教堂（Hagia Sophia，意为"神圣智慧"）于公元326年由君士坦丁皇帝（272—337年）建造，作为新建立的君士坦丁堡的一部分，但后来查士丁尼一世（Emperor Constantine，约482—565年）下令重建。教堂巨大的圆顶宽32.5米，高56米，成为后来拜占庭式建筑的原型。查士丁尼一世选择了物理学家米利图斯的伊西多尔（Isidore of Miletus，约442—537年）和数学家特拉勒斯的安西米乌斯（Anthemius of Tralles，约474—534年）作为重建圣索菲亚大教堂的建筑师，其中安西米乌斯于教堂建成前去世。

这座巨大的建筑只用了5年便完工了，它的圆顶创造了一个巨大的礼拜空间，圆顶由四个高耸在拱门上弯曲下垂的帆拱支撑。这是世界上第一个使用这种悬拱结构建造的圆顶。墙壁周围有40扇高侧窗，让光线可以照进来，而建筑物周围的通道则用柱廊遮避。后来又增加了两个直径与主穹顶相等的半穹顶，作为主穹顶的扶壁。到了16世纪，这座建筑又增加了砖石尖塔。

其他关键作品

圣撒比纳圣殿，建筑师不详，公元422—432年，意大利，罗马

圣索菲亚大教堂，建筑师不详，公元548年，土耳其，伊斯坦布尔

圣阿波利纳教堂，建筑师不详，公元549年，意大利，拉文纳

穹顶 第172页 拱门 第173页 柱 第177页 拱顶 第183页 柱廊/门廊 第186页
石 第192页 砖 第195页 马赛克 第204页 玻璃 第206页

碑铭神庙

墨西哥，帕伦克

约 670
—
700

碑铭神庙位于帕伦克的七世纪玛雅遗址，它是中美洲最大的阶梯金字塔结构。

作为玛雅神庙建筑结构的典范，碑铭神庙是为七世纪帕伦克（Palenque）统治者巴加尔二世（K'inich Ja-naab'Pakal，603—683 年）建造的陵墓碑。帕伦克最初的城市在公元 599 年被洗劫，巴加尔二世雄心勃勃重建了城市，包括建造了自己的陵墓。这项工程历时数年，涉及数百名工人、泥瓦匠、艺术家和石匠。巴加尔二世的儿子和继任者强·巴鲁姆二世（K'inich Kan B'alam II，635—702 年）继续推进这项工作，建造了具有复杂雕刻的巴加尔二世石棺。

这座金字塔外部有九层阶梯，代表玛雅文明中的冥界 —— 西巴尔巴（Xibalba），具有丰富的象征意义。一段陡峭的楼梯上升到顶部平台，平台上方是寺庙本体，包括几个独立空间。寺庙中有一条长达 13 层的秘密通道下降到巴加尔二世的坟墓，代表了玛雅天堂的 13 层。巴加尔

上图：这座寺庙的表面最初覆盖着色彩鲜艳的灰泥饰面。该建筑位于帕伦克皇宫附近，可见其威望。

右图：宽阔的石阶通向金字塔的顶端。虽然这些石阶很宽敞，但是这种慷慨的做法不是出于功能考虑的，只为显示寺庙的重要性，而当时的寺庙只限玛雅祭司和王室使用。

玛雅建筑

玛雅人主要集中在中美洲，还包括墨西哥南部和危地马拉。玛雅建筑师从早期的中美洲文化中得到灵感，尤其是奥尔梅克文化（Olmecs）和卡斯蒂略文化（Teotihuacan）。他们使用石灰石、砂岩和火山凝灰岩等当地材料，用石器切割石块，并用泥浆和生石灰灰水泥制作混凝土。

左图：寺庙前面的四个墩柱上用灰泥浮雕饰有玛雅神明、祖先和统治者的形象，铭文则在寺庙内部。

二世石棺的石盖上，用象形文字雕刻、记录了他的一生，石棺里藏有他的翡翠死亡面具[1]。

这座寺庙有一个古老的名字叫拉卡姆哈（Lakamha），意为"巨流"（Big water），有五个平坦的长方形入口，高达 35 米。入口两侧有 6 块嵌板，上面覆盖着各种图像和象形文字，其中包括帕伦克的众神、巴加尔二世的母亲萨克·库克（Sak K'uk'，612—615 年在位）的象征。寺庙的拱形屋顶采用鸡冠造型的装饰，这是帕伦克建筑的典型特征。内墙上刻有碑文，因此得名"碑铭神庙"。最初建造时，建筑外表覆盖着厚厚一层色彩鲜艳的灰泥饰面。

其他关键作品

太阳金字塔，建筑师不详，约 200—250 年，墨西哥，卡斯蒂略美洲豹大圣殿（Temple of the Giant Jaguar），建筑师不详，730 年，危地马拉，蒂卡尔
勇士神庙（Temple of the Warriors），建筑师不详，1100 年，墨西哥，尤卡坦

---

1 死亡面具：又称死亡假面（Death Mask），指用蜡或石膏等材料还原人类死亡时的面部形象。

 穹顶 第172页 拱门 第173页 楼梯 第176页 柱 第177页 柱廊/门廊 第186页 石 第192页 砖 第195页

圆顶清真寺

拉贾·伊本·海华 / 雅兹德·伊本·萨勒姆

耶路撒冷

691

圆顶清真寺位于圣殿山，遵循叙利亚拜占庭式风格而设计，该建筑的金色穹顶高约35米，直径约20米，由一个筒状拱廊支撑，拱廊由4个墩柱和12根取自古罗马遗址的立柱组成。它最初是纯金材质，后来被铜和铝取代，现在是铝面覆盖金箔。

最初由倭玛亚王朝的哈里发阿卜杜勒－马利克（Abd al-Malik，646—705年）委托建造，这座八角形建筑遵循附近圣墓教堂（335）的比例和设计风格，采用从土耳其引进的蓝色和金色瓷砖。在建筑内部，柱廊形成两个同心的回廊，内部为圆形，外部为八角形。

拉贾·伊本·海华和雅兹德·伊本·萨勒姆

关于圆顶清真寺建筑师的史料记载有限。很可能是拉贾·伊本·海华和雅兹德·伊本·萨勒姆（生卒年不详）。公元687年至691年，倭玛亚王朝的哈里发阿卜杜勒－马利克·本·马万（Umayyad Caliph Abd al-Malik ibn Marwan，685—705年在位）授权这两位建筑师用当时最好的材料建造一个圆顶寺庙。

其他关键作品

麦加大清真寺，建筑师不详，公元692年，沙特阿拉伯，汉志

伊玛目侯赛因圣陵，建筑师不详，公元684年，伊拉克，卡尔巴拉

伊玛目礼萨圣陵，建筑师不详，公元818年，伊朗，马什哈德

普兰巴南神庙

印度尼西亚，爪哇岛

855

印度建筑

古代印度建筑师建造了简单的岩洞神龛，但后来又建造了大量华丽的神庙。以网格为基础的布局、高耸的塔楼和精致的装饰雕塑，这些建筑被认为是神灵的居住地。古代使用的建筑材料是木材和陶土，但后来建筑师逐渐转向对砖、石材料的关注，尤其是大理石材料。

普兰巴南神庙是位于印度尼西亚日惹的一座9世纪寺庙建筑群，可能是为了纪念印度教桑贾亚王朝（Sanjaya dynasty）在爪哇中部重新掌权而建造的。

经过近一个世纪的佛教统治，拉卡伊·皮卡丹国王（King Rakai Pikatan，838—850年在位）委托建造了一座寺庙来纪念湿婆神（Shiva）。后继统治者扩建了庙宇，形成了一片由3个区域组成的复合建筑群落。外部区域是一个大的开放空间，中间区域有200多个相同的小神龛，而最神圣的内部区域有主要的神龛和更多的小神龛，周围有一个方形的石墙，四个方位上各有一扇门。在内部神龛的中心有三座三相神（Trimurti）神庙，分别供奉三相神的分身——湿婆（Shiva，毁灭之神）、梵天（Brahma，创世之神）和毗湿奴（Vishnu，守护之神）。

湿婆庙高47米，宽34米，是这个建筑群中最高、最大的建筑，设计成十字形，建于一个四面有阶梯的方形基座上。核心和中部区内的所有神殿都雕刻着精美的浮雕，题材源于《罗摩衍那史诗》[1]的故事。整个建筑群遵循传统的印度教寺庙设计风格，严格遵守以中央建筑为主的几何网格规律。由于许多建筑材料源于自然，导致原有的结构大多不复存在。

1　罗摩衍那史诗：《罗摩衍那》（梵语，Rāmāyaṇa，意为"罗摩的历险经历"），与《摩诃婆罗多》并列为印度两大史诗。

其他关键作品

凯拉斯纳塔寺（Kanchi Kailasanathar Temple），建筑师不详，685—705 年，印度，坎奇普兰

布列哈迪斯瓦拉神庙（Brihadeeswarar Temple），建筑师不详，1000—1010 年，印度，坦哈维尔

康达立耶·马哈迪瓦神庙（Kandariya Mahadeva Temple），未知建筑师，约公元 1005—1030 年，印度，克久拉霍

塔 第174页 楼梯 第176页 尖顶 第184页 石 第192页 砖 第195页

玛丽亚·拉赫修道院

德国，安德纳赫

1093
1230

罗马风格建筑师

除了意大利建筑师贝内德托·安特拉米（Benedetto Antelami）和西班牙建筑师马斯特·马特奥（Master Mateo）之外，多数罗马风格建筑师均不为人所知。但他们和这两位建筑师一样，多为雕塑家出身，利用对质量、尺度和负空间的理解进行实践，同时还监督采石工人、建筑工人和装修工人组成的团队。通常右牧师负责团队的财务工作。

玛丽亚·拉赫修道院（Maria Laach Abbey）是德国最高的罗马式教堂之一，坐落在一片大火山湖——拉赫湖（Laacher See）的西南岸。

这座巨大的本笃会修道院建于1093年，由普法尔茨伯爵、海因里希二世（Heinrich II）和他的妻子阿德勒海德（Adelheid）组织修建，主要由伦巴第的能工巧匠用当地的熔岩建造。海因里希去世时，该修道院的地下室和一些外墙已经完工，但5年后阿德尔海德去世时，建筑停工。1152年恢复修建，1156年特里尔大主教、法尔马涅的希尔林（Hillin）建成了地下墓室、木屋顶的中殿和西侧的唱诗班席。

宏伟的修道院两端各有3座塔。最大的菱形尖顶方塔矗立在最西端，两侧各有一座圆形塔楼，塔顶呈三角形。西侧门廊由勃艮第的建筑师在1220年至1230年间建造。该修道院还建有一个大中庭，还用石头拱顶取代了修道院中殿的平木顶。柱廊外侧的圆形室外拱廊与内侧的圆形拱门呼应。宏伟的西面建筑（教堂西端的入口区域）比中殿和侧厅的宽度更宽，符合德国罗马式建筑风格。后来，在修道院院长迪德里奇二世（Diedrich II，1256—1295年）的领导下，又加建了一些哥特式建筑。

其他关键作品

普瓦捷大圣母院，建筑师不详，1086—1150年，法国，普瓦捷

圣地亚哥-德孔波斯特拉，马斯特奥·埃斯特班（Maestro Esteban）、老伯纳德（Bernard the Elder）、罗伯特斯·加尔佩里诺斯（Robertus Galperinus）和小伯纳德，1075—1211年，西班牙，圣地亚哥德孔波斯特拉

施派尔大教堂，建筑师不详，1030—1061年，德国，施派尔

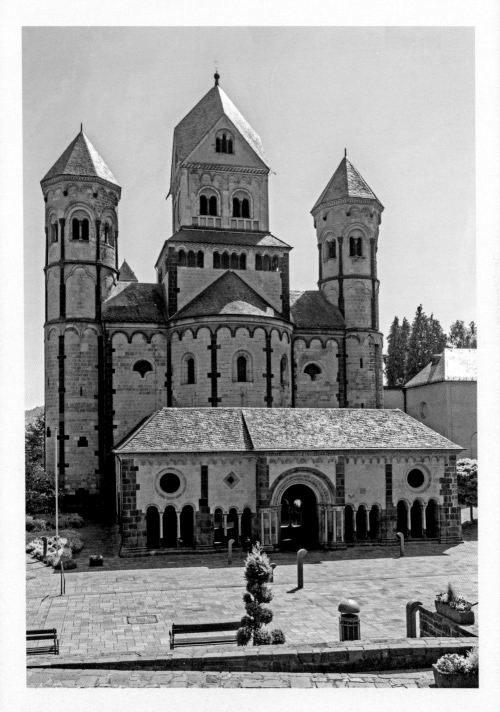

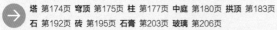

吴哥窟

柬埔寨，暹粒

约 1113
—
约 1150

自 12 世纪建成以来，吴哥窟一直在使用中，西面的吴哥窟寺庙建筑群最初是为印度教的主神毗湿奴神而建，后来用作佛教建筑。

苏耶跋摩二世（Suryavarman II，约 1113—1150 年在位）在成为高棉帝国国王后，就马上开始修建吴哥窟。吴哥窟被设计成金字塔造型，代表着宇宙的结构：神庙的中心代表着印度教诸神的故乡须弥山，五座塔矗立在有柱廊的平台上，代表着须弥山的五座山峰。这些塔楼位于不同层次的拱形墙后面，有一条长长的堤道从外墙的西门通往

佛教风格 第15页 印度风格 第19页 高棉风格 第23页

主寺庙区。建筑群周围宽阔的矩形护城河代表围绕地球的神秘海洋。靠近中心的堤道旁有两座小型神庙。

　　寺庙四面被走廊覆盖，走廊有通往中央神龛的通道，而攀登中央神龛与攀登真正的须弥山相呼应。近 2000 平方米的浅浮雕装饰墙壁，雕刻的过梁、雕刻带和山墙描绘了印度教史诗《罗摩衍那》（Ramayana）和《摩诃婆罗多》（Mahabharata）的情节。吴哥窟的大部分建筑是由砂岩和红土建成的，红土是当地的黏土，在阳光照射下会迅速硬化。

高棉建筑

高棉建筑以其高超的雕刻技艺、雕塑和浮雕装饰而闻名于世，大约从 9 世纪初到 15 世纪上半叶蓬勃发展。建筑师们坚持严格的宗教和政治理念，这些建筑思想源于印度，后续适当融入地域元素以适应当地条件，如吴哥窟露台上的庙宇。

其他关键作品

比粒寺，建筑师不详，961 年，柬埔寨，暹粒

女王宫，建筑师不详，公元 967 年，柬埔寨，暹粒

塔布笼寺，建筑师不详，1186 年，柬埔寨，暹粒

→ 露台 第187页 石 第192页 砖 第195页

骑士城堡

叙利亚，霍姆斯

1142
—
1171

医院骑士团

在十字军东征期间，欧洲城堡的设计风格受到伊斯兰建筑的极大影响。就在十字军东征开始前，医院骑士团成立，在圣地照顾生病、贫穷或受伤的朝圣者。十字军东征开始后，他们就成了军事僧侣，并在海外修建了各种防御工事作为总部基地。

哥特式风格 第25页

克拉克德骑士城堡（Krak des Chevaliers）占据着周围的土地，又因为位于650米高的山顶而被归类为一座丁坝城堡（spur castle），同时由于配有幕墙，也被归类为一座同心城堡（concentric castle）。

最初，骑士城堡被法兰克人称为勒克拉特（Le Crat），但过了一段时间，它的名字与卡拉克（karak，叙利亚语中的堡垒）混淆了。这座城堡由耶路撒冷圣约翰医院骑士团在十字军东征期间建造，位于战略要地，距离霍姆斯市40公里，位于从安提俄克到贝鲁特和地中海的路线上。几十年来，骑士城堡被医院骑士团用作在中东的基地，该建筑将欧洲哥特式风格与中世纪伊斯兰军事元素融为一体。哥特式风格包括高天花板和高塔、窗花和精致的装饰，以及门窗上的尖拱。13世纪增加的建筑元素包括堞口（machicolations）——连接城垛与梁托（亦称牛腿）之间的开口，灵感来自穆斯林建筑。

城堡内部主要由石灰岩建造，由七座塔组成的幕墙起到保护作用，每座塔的直径为10米。这堵防护墙的某些部分的厚度超过3米。内部是一个庭院，四周是拱形的房间，有巨大的储藏室和马厩，里面可以装满食物和马匹，使居民能够在必要时在此避难和生存。

沙特尔大教堂

法国，沙特尔

1194
—
1250

哥特式建筑

哥特式建筑的大部分作品都是教堂建筑，建筑师设计的修道院和大教堂显得明亮、通透，所有观者看到这种建筑风格或进入建筑内部时，会感到被激励，更接近上帝。哥特式建筑元素通常包括巨大的花窗玻璃窗。尖顶、飞扶壁和尖拱既是建筑结构，又具有装饰性，拱形天花板使内部空间更敞亮。

在巴黎西南部，沙特尔大教堂是第五座建在德鲁伊特人和罗马人都崇敬的地方的大教堂，也是 12 世纪末首批建造的几座高哥特式大教堂中的第一座。

沙特尔大教堂以其花窗玻璃和建筑外观闻名于世，它有一个高 34 米的拱顶，里面有 3000 平方米的花窗玻璃。在 1194 年，先前的大教堂被大火摧毁后，建筑师们设计了一座长约 130 米的十字形新教堂作为主建筑物。其特色包括中殿拱廊、有回廊的辐射式小教堂、连拱式拱廊、大天窗、柳叶窗、眼窗和宝石般的玫瑰窗。通过沉重的飞扶壁和墩柱结构，这一非凡的高度才得以实现，这也使得墙壁能够支撑巨大的花窗玻璃窗。

沙特尔大教堂仅用了 26 年便竣工了，南北耳堂的门廊在 1224 年至 1250 年之间完工。巨大的中殿包括门廊，门廊上装饰着雕塑和圣经场景的浮雕。西端有两座看上去并不匹配的尖塔建筑：一座是约建于 1160 年，高达 105 米的金字塔式结构，另一座是建于 16 世纪，高 113 米的火焰式[1]（Flamboyant style）辅楼。

其他关键作品

巴黎圣母院，建筑师不详，约 1163—1345 年，法国，巴黎

博韦大教堂，让·德奥尔拜斯（Jean d'Orbais），让·勒卢普（Jean-Le-Loup），高彻·德兰斯（Gaucher de Reims）和伯纳德·德索伊松（Bernard de Soissons），1225—1573 年，法国，博韦

索尔兹伯里大教堂，埃里亚斯·德雷厄姆（Elias de Dereham），1220—1258 年，英国，威尔特郡

1　火焰式：一种晚期哥特式建筑的华丽风格。

阿尔罕布拉宫

西班牙，格拉纳达

1238
1358

摩尔建筑

阿尔罕布拉宫位于西班牙，建造于阿拉伯帝国末期——格拉纳达王朝（Nasrid dynasty）的统治下，因此尽可能地遵守伊斯兰教的教义，建在多岩石区域。建筑师的名字已经无法考证，建筑一系列的庭院中，包含细长的拱廊、喷泉和水池，用来表现伊斯兰诗歌中描述的天堂。

阿尔罕布拉宫是一座古老的清真寺、宫殿，也是一片堡垒建筑群，建于中世纪末期。"阿尔罕布拉"一词源于阿拉伯语"al hamra"，意为"红房子"。

今天幸存下来的大部分建筑，包括皇家住宅区、宫廷、官邸和清真寺，都是为纳西里德王朝（Nasrid dynasty，1230—1492年）建造的。纳西里德王朝是西班牙最后一个伊斯兰苏丹国。摩尔诗人把阿尔罕布拉宫形容为"镶嵌在绿宝石中的珍珠"。它是一座独立的设防城镇，四周有围墙，大约有13座塔楼和4扇大门，曾被用作伊斯兰

伊斯兰风格 第20页 摩尔式风格 第22页

政府办公楼和苏丹官邸。占地约 10.5 公顷[1]，由 3 个独立区域组成。一处是驻扎军队的堡垒；另一处是苏丹及其家人居住和宫廷聚会的宫殿；还有一处是一个有法院和行政部门的小镇。

　　阿尔罕布拉宫的特色建筑之一是狮庭（Court of Lions），其大型喷泉旁有 12 只大理石狮子，水从四个主要方向流出。附近的桃金娘宫（Court of the Myrtles）有一个矩形水池，由细圆柱的拱廊围合，并通往大使厅，其特征是拱形木制天花板上镶嵌着七层星状图案。

1　1 公顷约等于 0.01 平方千米。

拱门 第173页　柱 第177页　露台 第187页　石 第192页　砖 第195页　玻璃 第206页

圣母百花大教堂

阿诺尔福·迪·坎比奥 / 菲利波·布鲁内莱斯基 / 弗朗西斯科·塔伦蒂 / 乔瓦尼·迪拉波·吉尼 / 阿尔贝托·阿诺迪 / 乔瓦尼·安布罗吉奥 / 尼里·菲奥拉万特 / 安德烈亚·奥卡尼亚

意大利，佛罗伦萨

1294
—
1436

1294 年，佛罗伦萨议会委托阿诺尔福·迪·坎比奥以一种无论是工业还是人为力量都无法超越的壮丽风格设计了一座教堂。他设计了一个八角形的大型拱形教堂，但无法制造出足以覆盖该空间的圆顶。经过修改，大教堂的建设持续了一个多世纪。随后在 1418 年，布鲁内莱斯基给出了一个可行的穹顶方案，并继续工作多年才得以完成。他设计的穹顶采用了万神殿（见第 60 页）使用过的古罗马技术，用砖制成双层的、独立承重的穹顶。坚固的人字形内壳支撑着较轻的外壳，无须安装脚手架即可将其固定。穹顶高达 91 米，是有史以来最大的砖砌穹顶。

右图：乔托钟楼建于 1334 年至 1359 年，高 84 米，这在当时已经属于非常高的建筑，但乔托（Giotto）打算用尖顶使其更高。遗憾的是，他于 1337 年去世，尖塔方案也被废弃。

阿诺尔福·迪·坎比奥（arnolfo di cambio）和菲利波·布鲁内莱斯基

阿诺尔福·迪·坎比奥最初作为画家和雕塑家而受追捧，从 1266 年开始在罗马做建筑师，1294 年开始在佛罗伦萨担任建筑师。同样，布鲁内莱斯基曾是金匠、雕塑家，但从 23 岁起，他越来越多地接手建筑设计项目，其建筑作品受到古罗马比例和结构的启发，体现了哥特式风格和文艺复兴风格的融合。尽管在设计上以哥特式风格为主，但圣母百花大教堂反映了许多文艺复兴时期的成就。

左图：穹顶的砖石由人字形（或称鱼骨式）结构组成，夹在几个拱肋结构之间。布鲁内莱斯基去世后，穹顶上的采光塔于 1461 年落成。

下图：教堂外墙上的彩色大理石，主要是绿色和白色，组成多种图案装饰。包括垂直和水平的条带装饰，以及曲线造型。大教堂东端建有 3 座后殿，屋顶为半圆屋顶。

　　整个大教堂建筑群由三座建筑物组成：大教堂、洗礼堂和钟楼（或称钟塔）。大教堂的整体结构是一个拉丁十字架形，它有一个宽阔的中央中殿，由 4 个矩形的隔间组成，两侧各有一个过道。几个世纪以来，许多其他建筑师都参与了这个项目，包括乔托·迪·邦多内（Giotto di Bondone，约 1267—1337 年）和安德烈亚·皮萨诺（Andrea Pisano，1290—1348 年）。弗朗西斯科·塔伦蒂（Francesco Talenti，1300—1370 年）终于在 1359 年建成了钟楼，并在 8 年后扩大了穹顶下的八角形建筑，为布鲁内莱斯基的杰作画上了完美的句号。几个世纪以来，圣母百花大教堂一直是欧洲最大的教堂。

其他关键作品

布鲁内莱斯基育婴堂（Ospedale degli Innocenti），菲利波·布鲁内莱斯基（Filippo Brunelleschi），1445 年，意大利，佛罗伦萨

圣洛伦索教堂，菲利波·布鲁内莱斯基，1422—1470 年，意大利，佛罗伦萨

梅迪奇·里卡迪宫，米歇尔佐佐·迪·巴托洛梅奥·米歇尔齐兹（Michelozzo di Bartolomeo Michelozzi），1459 年，意大利，佛罗伦萨

穹顶 第172页 拱门 第173页 柱 第177页 石 第192页 砖 第195页 花窗玻璃 第207页

威尼斯总督府

1340
—
1580

菲利·波格利达里奥 / 安东尼奥·里佐 / 安东尼奥·达·蓬特 / 安德烈·帕拉蒂奥

意大利，威尼斯

威尼斯总督府是威尼斯市的一个重要地标，曾是历任威尼斯总督的官邸。总督（Doge）是威尼斯共和国的最高领导人。

从圣马可广场俯瞰，700 年来，威尼斯总督府一直是代表权力的建筑。其中包括法院、行政办公室、庭院、舞厅、"金梯"[1]（ceremonial staircases）和监狱。这座宫殿主要采用威尼斯哥特式风格，还带有拜占庭式元素、文艺复兴风格以及矫饰主义（Mannerism）风格，宫殿由三部分组成，分别以粉红色的维罗纳大理石和白色的伊斯特拉石为材料组成装饰图案。

朝向水道的一侧威尼斯哥特式立面是总督府最早建成的部分，建于 1340 年。二楼长廊的灵感来自拜占庭式的阵列，由一排比一楼的柱子更细、间距更近的柱子组成。这些支柱由双曲线拱门（ogee）和三叶形拱门（tre-foil）构成精致的网眼图案，圆弧内有四叶形（quatrefoil）开口。两层的长廊与上一层的宽阔墙壁形成对比，为了不让宫殿的上层显得太沉重，采用柔和色彩的大理石图案以柔化外观。几个世纪以来，威尼斯总督府经过多次扩建，包括 1574 年和 1577 年，两次火灾分别摧毁了该建筑的一部分之后，在 16 世纪末，在运河对面的一座独立建筑——新监狱（Prigioni Nuove）中，又加建了一些牢房，通过叹息桥（Bridge of Sighs）与宫殿相连。

威尼斯总督府的建筑师们

虽然记录尚不明确，但可以确定有数位建筑师协作设计出威尼斯总督府建筑。菲利·波格利达里奥（Filippo Calendario，约 1315—1355 年）可能设计了许多建筑的原型。1574 年发生火灾后，首席建筑师安东尼奥·达·蓬特（Antonio da Ponte，1512—1597 年）主持修建总督府，他的侄子安东尼奥·孔蒂诺（Antonio Contino）曾在 1600 年设计过叹息桥。第二次火灾之后，安德烈亚·帕拉蒂奥（Andrea Palladio）负责室内设计、防御工事和外部装饰的修缮。

1　金梯：威尼斯总督府里通往议事厅的廊道，因为只有被写入"金书"的家庭成员可以通过廊道自由进出议事厅，而被人们称为"金梯"。

哥特式风格 第25页 文艺复兴风格 第26页 帕拉第奥式 第28页

其他关键作品

圣方济会荣耀圣母堂，雅各布塞莱加（Jacopo Celega），1250—1338年，意大利，威尼斯

金屋，巴托洛梅奥·邦（Bartolomeo Bon）和乔万尼·邦（Giovanni Bon），1428—14230年，意大利，威尼斯

卡瓦利弗朗切蒂宫，建筑师不详，1565年，意大利，威尼斯

➜ 拱门 第173页 柱 第177页 露台 第187页 石 第192页 砖 第195页 玻璃 第206页

太阳神庙

约 1450

秘鲁，马丘比丘

印加建筑

印加建筑在设计上是内外和谐统一的，特别是在设计中与自然景观的呼应，融合了几何和自然形态。石材作为主要材料，精加工抛光后制成相连接的砖。这些沉重的石块是用绳子、原木、长杆、杠杆和坡道移动的。石块送到工地后，人们将其精确切割，甚至不需要再用砂浆黏合。

15 世纪的印加城堡坐落在海拔 2430 米的山脊上，被称为马丘比丘。

马丘比丘采用经典印加风格建造的抛光干石墙。其中最典型的建筑形式有揽日石（Intihuatana）、三窗神庙和太阳神庙。印加人相信他们是太阳神蒂（Inti）的后裔，他们的信仰和仪式与太阳和宇宙的其他神秘因素相关。

太阳神庙建在花岗岩石上，用经过打磨和抛光的石头建造，石材之间的高度契合使建筑各部分紧密结合在一起。这座建筑呈半圆形，塔楼上面有一个梯形的窗户。神庙的中心是一块大石头，似乎是一座祭坛，下面是一个墓穴，可能是印加统治者帕查库特克（Pachacutec，1438—1471 年在位）的埋葬地，是他建造了马丘比丘。沿着寺庙的后壁，有几个小孔，通常被认为曾是用彩色宝石镶嵌的，整个结构的位置使阳光能在夏至冬至期间直接照进室内。

其他关键作品

萨克塞瓦曼，建筑师不详，约 13 世纪，秘鲁，库斯科

瞭望塔，建筑师不详，约 1450 年，秘鲁，奥兰塔坦博

科里坎查太阳神殿（Coricancha，原名 Inti Kancha），建筑师不详，约 1450 年，秘鲁，库斯科

窗 第167页 塔 第174页 庭院 第175页 石 第192页

圣彼得大教堂

1506
—
1615

多纳托·布拉曼特 / 巴尔达萨雷·佩鲁齐 / 卡洛·马代尔诺 / 小安东尼奥·达桑加洛 / 米开朗基罗·博纳罗蒂 / 拉斐尔

意大利，罗马

米开朗基罗·博纳罗蒂

米开朗基罗作为一名雕刻家和画家在欧洲广受赞誉，晚年又作为建筑师而备受尊崇。他在圣彼得大教堂创作的作品，不求报酬，声称这是他的艺术杰作。他为佛罗伦萨的布鲁内莱斯基的圣洛伦佐教堂建筑群设计了梅迪奇教堂和朱利亚诺（Giuliano）和洛伦佐·德·梅迪奇（Lorenzo de Medici）陵墓。

其他关键作品

蒙特桑托圣玛丽亚教堂及米拉科利圣玛丽亚教堂（Santa Maria di Montesanto and Santa Maria dei Miracoli），卡洛·雷纳尔迪（Carlo Rainaldi），卡洛·丰塔纳（Carlo Fontana）和吉安·洛伦佐·贝尼尼（Gian Lorenzo Bernini），1662—1677 年，意大利，罗马

苏佩尔咖大教堂，菲利波·朱瓦拉（Filippo Juvarra），1717—1731 年，意大利，都灵

荣军院，朱尔斯·哈杜因·曼萨特，1675—1706 年，法国，巴黎

作为圣彼得（Saint Peter）的墓地，圣彼得大教堂一直备受人们的敬仰，也是世界上最大的教堂。

1506 年，布拉曼特（Bramante，1444—1514 年）受教皇朱利叶二世（Julius II，1443—1513 年）的委托，为遗址设计了一座新教堂。受万神殿（见第 60 页）的启发，他提出将教堂内部设计成一个巨大的希腊十字架形状，并在圣彼得神殿上覆盖一个圆顶的方案。布拉曼特死后，拉斐尔（Raphael，1483—1520 年）接管了设计和施工工作，在他去世后，其他几位建筑师，包括巴尔达萨雷·佩鲁齐（Baldassare Peruzzi，1481—1536 年）和小安东尼奥·达桑加洛（Antonio da Sangallo the Younger，1484—1546 年）继续为此工作。最终，72 岁的米开朗基罗（Michelangelo，1475—1564 年）接手了这个项目。

米开朗基罗坚持了布拉曼特的大部分方案，包括被其他接任者放弃的希腊十字形中心建筑。不仅如此，米开朗基罗创造了一个更强大、更具活力和统一的设计方案，用双柱取代了单柱，并增加了一个 136.5 米高的巨大穹顶。在米开朗基罗去世后，包括吉亚科莫·德拉·波塔（Giacomo della Porta，1532—1602 年）在内的其他建筑师也继续追随米开朗基罗的设计方案。1606 年，卡洛·马代尔诺（Carlo Maderno，1556—1629 年）增加了一个带有高立面和凸出门廊的短中殿，带有科林斯柱以及供教皇演讲的二楼。整个建筑的高度和宽度相同，圆顶由一层混凝土制成，混合了火山凝灰岩和浮石以达到轻盈的效果。建筑顶部有一个天光眼洞，直径长达 8 米，保证建筑内部光线充足。

希巴姆古城

也门，哈德拉毛省

1540
—
1600

泥砖建筑

古代非洲、欧洲、亚洲和美洲的房屋大多是用泥砖建造的，泥砖价格便宜，制作简
单，实用性强。尽管现在很少有人关注，但泥砖建筑在古埃及比石头建筑更为常见，
由未烧成的泥砖建造的建筑物或建筑结构，通常矗立在石墓和寺庙旁边。

伊斯兰风格 第20页

在也门偏僻的山谷深处，塞巴泰因沙漠中，有一座名叫希巴姆的古城，也常被称作希巴姆－哈德拉毛。因为它是贸易枢纽城市，所以从公元前 3 世纪起，它就成为哈德拉毛王国（Kingdom of Hadhramaut）的首都。

石坝四周围绕着 7 米高的防御墙，希巴姆古城建在一片岩石丁坝上，为居民提供了一个防止洪水泛滥的安全位置。这座城市在 1532—1533 年的一次洪灾后重建，呈矩形网格阵列，是传统哈德拉米（Hadrami）建筑的一个典型案例。建筑群由大约 500 栋 6 到 10 层高的塔楼组成，有些高达 30.5 米，被称为"沙漠中的曼哈顿"和"沙漠中的芝加哥"。这些塔楼在一定程度上是出于安全保护的目的，也标志着一个家庭的经济或政治声望。

其他关键作品

昌昌古城，建筑师不详，约 850—1470 年，秘鲁，特鲁希略

巴姆古城堡，建筑师不详，前 579—前 323 年，伊朗，巴姆

比尔尼古城，建筑师不详，约 1050 年，尼泊尔，津德尔

⟶ 顶 第168页 拱门 第173页 塔 第174页 楼梯 第176页 石 第192页 泥砖/土坯 第193页

圣巴西勒大教堂

巴尔马 / 波斯尼克·雅科夫列夫

俄罗斯，莫斯科

1555
1561

巴尔马和波斯尼克·雅科夫列夫

16 世纪的建筑师波斯尼克·雅科夫列夫（Postnik Yakovlev）和巴尔马（Barma）可能是同一个人。巴尔马可能是一个化名，或者他可能是波斯尼克的兄弟或助手。波斯尼克以圣巴西勒大教堂而闻名，他创造了一座没有先例的建筑，影响了后来所有的俄罗斯东正教教堂建筑。

全称为"护城河上的圣母升天大教堂"（Cathedral of The Protection of Most Holy Theotokos on The Moat Moat），也被称为瓦西里大教堂（Cathedral of Vasily The Plessed），或圣巴西勒大教堂（Saint Basil's Cathedral），是位于莫斯科红场的一座教堂。

为纪念 1552 年在喀山战役中战胜蒙古人，教堂由 8 个小侧廊组成，这些侧廊围绕着一个中央教堂，形成了一个星形的图案，其形状与《启示录》（*Revelation*）中描述的新耶路撒冷相同。1588 年，在当地的圣瓦西里（saint Vasily）或称巴西勒（Basil）的坟墓上方又建了一座小教堂。

受伊凡四世（Ivan IV，1530—1584 年）的委托，每一个小教堂都有一座塔和一个洋葱形的圆顶，装饰各有不同，并由狭窄、蜿蜒的通道连接。四个较大的教堂围绕中央礼堂分别建立在占据四方位的巨大地基上，四个较小的礼拜堂坐落在四座较大教堂之间的平台上，象征它们在天地之间的位置。它们和中央礼拜堂形成八角形，而四个对角延伸出长方体的小礼拜堂。大教堂从外面看是对称的，但精心设计的这座建筑里，每座圆顶的高度都不相同。整个建筑是用砖块砌在木框架结构上，在 1680 年到 1848 年间增加了明亮的色彩装饰。以 1552 年被伊凡摧毁的喀山大清真寺圆顶为蓝本，洋葱形圆顶很快成为所有俄罗斯东正教教堂的时尚造型。

其他关键作品

圣索菲亚大教堂，建筑师不详，1045—1042 年，俄罗斯，诺夫哥罗德

基日岛乡村教堂，建筑师不详，1714 年，俄罗斯，基辅

亚历山大·涅夫斯基大教堂，亚历山大·波默兰塞夫（Alexander Pomerant-sev），1894—1912 年，爱沙尼亚，塔林

拜占庭风格 第17页 文艺复兴风格 第26页

圆厅别墅

安德烈亚·帕拉第奥

意大利，维琴察

1567
—
约 1592

阿尔梅里科·卡普拉别墅（Villa Almerico Capra）俗称拉圆厅别墅（La Rotonda），是一座位于意大利北部的文艺复兴时期的别墅，为梵蒂冈退休牧师保罗·阿尔梅里科（Paolo Almerico）所建。

与罗马万神殿穹顶（见第60页）相似的是，拉圆厅别墅是由安德烈亚·帕拉第奥（Andrea Palladio，1508—1580年）设计的一座方形对称建筑，四个立面各有一个突出的门廊。这四个门廊中各自有一个三角墙，装饰着古典神像，并由六根爱奥尼亚柱支撑。拉圆厅这个名字是指中央的圆形大厅和圆顶。为了确保别墅的每个房间都可以自然采光，整座别墅的朝向为基本方位偏45度。

这座建筑虽然始建于1567年，但是帕拉第奥和阿尔梅里科都没有看到别墅竣工。帕拉第奥离世后，第二位建筑师文琴佐·斯卡莫齐（Vincenzo Scamozzi，1548—1616年）受雇于新业主，他对原方案所做的一个重大修改是对两层楼高的中央大厅做调整。帕拉第奥原本打算用一个高高的半圆形圆顶来覆盖它，但斯卡莫齐设计了一个更浅的圆顶，圆顶上眼孔天窗向天空张开。最后，他的圆顶设计被穹顶取代。根据帕拉第奥在1570年出版的《建筑四书》（*I Quattro Libri dell'Architettura*）中提出的个人建筑规则，所有房间的比例都是精准的。中央圆形大厅的圆顶天花板上覆盖着壁画，营造出大教堂般的氛围。

其他关键作品

科纳罗别墅（Villa Cornaro），安德烈亚·帕拉第奥，1553—1554年，意大利，皮奥姆比诺德西

佛斯卡里别墅（Villa Foscari），安德烈亚·帕拉第奥，1558—1550年，意大利，威尼斯

瓦尔马拉纳别墅（Villa Valmarana），安德烈亚·帕拉第奥，1542年，意大利，维琴察

文艺复兴风格 第26页 帕拉第奥式 第28页

安德烈亚·帕拉第奥

帕拉第奥 1508 年出生于意大利帕多瓦，最初是一名石匠，后来学习建筑。1549 年，帕拉第奥赢得了维琴察文艺复兴早期宫殿改建竞赛。这是他事业的巨大成功，在接下来的 30 年里，他在意大利设计了众多宫殿、教堂和别墅。他曾深入研究古罗马建筑，他的建筑作品也大量借鉴了古罗马建筑的元素与风格。

 穹顶 第172页 柱 第177页 柱廊/门廊 第186页 石 第192页 砖 第195页 玻璃 第206页 灰泥 第205页

泰姬陵

乌斯塔德·阿玛德·拉霍里

印度，阿格拉

1632
1648

莫卧儿皇帝沙·贾汗（Shah Jahan，1592—1666年）为他最爱的皇妃蒙塔兹·马哈尔（Mumtaz Mahal，1593—1631年）修建的泰姬陵，是一座陵墓及永恒爱情的纪念。

泰姬陵秉承传统波斯及莫卧儿建筑的风格，也受到了早期陵墓建筑形式的启发，包括撒马尔罕的古尔－艾米尔（Gur-e Amir，1403—1404年）陵墓和德里的胡马雍（Humayun，1565—1561年）陵墓，但它也具有自身的独特形式。按照复杂的设计方案，泰姬陵的主体是在方形底座上建造的一个巨大的中央八角形大厅，顶部是一个巨大的洋葱形圆顶。圆顶融合了伊斯兰和印度的风格。主穹顶与独立装饰尖塔上的小穹顶相呼应，建筑物的局部附有莲花花瓣形状的细长八角形尖塔。

泰姬陵占地17万平方米，主要由镶嵌宝石的白色大理石制成。在每一个立面的正中都有拱门（iwan），在中央大厅的两边各有一个小圆顶亭（chhatri）。建筑的所有元素都有雕刻和镶嵌的装饰，主要是植物和花卉题材，整个建筑结构集中体现在一条从北面直接延伸到主大门的长水道。利用几何学和对称原理，泰姬陵的每一面都是相同的，所以无论从哪个方向接近泰姬陵，建筑外观看起来都相同。

乌斯塔德·阿玛德·拉霍里

虽然泰姬陵的建筑师至今无法确定，但是最有可能是来自波斯的乌斯塔德·阿玛德·拉霍里。当时大约有22000名工人参与施工。为了防止被未知的地震微损坏，泰姬陵的四个尖塔略微倾斜。亚穆纳河使建筑的木质地基保持坚固和湿润。

其他关键作品

古尔－艾米尔陵，建筑师不详，1403—1404年，乌兹别克斯坦，撒马尔罕

胡马雍陵墓，米拉克·米拉扎·吉亚斯（Mirak Mirza Ghiyas）和赛义德·穆罕默德（Sayyid Muhammad），1565—1571年，印度

德里伊玛目清真寺，巴迪扎曼图尼（Badi' al-Zaman Tuni）和阿里阿克巴伊斯（Ali Akbar al-Isfahani），1611—1618年，伊朗，伊斯法罕

三溪园

日本，横滨

1649

数寄屋（SUKIYA）建筑

在安土桃山（Azuchi-Momoyama，1574—1600年）和德川幕府（1603—1867年）时期，一种基于茶馆美学的建筑风格被称为数寄屋风格。建筑被创造成尽可能自然的样子，并与周围环境和谐地结合在一起。这种风格的大多数建筑内部都有障子和外部的月见台[2]。

　　这座别墅建于江户时代（1603—1867年）早期，是德川赖宣（Kishu-Tokugawa，江户三白藩之纪行藩藩主）的避暑别墅。

　　别墅最初位于径流和歌山县北部的纪之川，但在1915年，这座建筑被移到横滨的三溪花园，取名为三溪园（Rinshunkakku）。它是按照数寄屋建筑风格建造的，这种风格在16世纪末发展起来，一直延续到19世纪，最初用于茶馆，后来也用于私人住宅。三溪园分为三个部分，包括两座带有柏树皮屋脊和山墙屋顶的单层建筑，以及一座带有柏树皮矩形屋脊和木瓦屋顶的二层楼建筑。

无论从哪方面看，三溪园的设计目的都是为了与周围环境协调一致，强调简洁，尽量使用在自然状态下留下的木材。这三座建筑内有 12 个房间，包括游客接待室、藩主迎接贵客的地方和藩主及其家族的私人住所。室内障子（日式滑动窗门）上有 17 世纪杰出的狩野派[1]艺术家的水墨画。

1　狩野派：日本著名的宗族画派，始于15世纪，经历7代，历时200余年。

2　月见台：用于赏月或观赏园林景色的木质平台，常有顶棚。

 窗 第167页　顶 第168页　柱廊/门廊 第186页　木 第196页　纸 第197页

凡尔赛宫

约 1660 —— 1715

路易斯·勒·沃 / 朱尔斯·哈杜因·曼萨特

法国，巴黎

凡尔赛宫由两位法国最著名的建筑师为路易十四（Louis XIV，1638—1715 年）所建，是法国巴洛克建筑的杰出典范。

这座宫殿围绕着以前的狩猎小屋而建，主要由路易斯·勒·沃（Louis Le Vau，1612—1610 年）和朱尔斯·哈杜因·曼萨特（Jules Hardouin-Mansart，1646—1708 年）设计。从 1682 年到 1789 年法国大革命，法国君主和整个王室一直居住在中心区和庭院的两侧。勒·沃设计了主楼，1678 年后，哈杜因·曼萨特扩建了主楼，增加了南北两翼和诸多大厅。一些特别富丽堂皇的建筑很值得一提：如，镶有 17 扇高窗的镜厅，其中每扇窗户面对一个

路易斯·勒·沃和朱尔斯·哈杜因·曼萨特

路易·勒·沃因其创新的设计而备受追捧，1654 年他成为路易十四钦点的第一位御用建筑师，他的项目包括文森城堡（Vincennes Castle）和拉萨尔泰雷医院（La Salpêtrière Hospital）。到 17 世纪末，朱尔斯·哈杜因·曼萨特是法国最成功的建筑师，他的作品对世界各地的巴洛克建筑产生了巨大的影响。

右图：原来位于凡尔赛宫遗址上的狩猎小屋重建成了一座三层楼高、屋顶和侧厅都是平顶的宫殿。宫殿前方，地面为黑白相间的庭院被称为大理石庭院。

巴洛克风格 第29页 洛可可风格 第30页

上图: 凡尔赛宫除了以彩色大理石、丰富的挂毯和宽大的玻璃而闻名外, 还在数百个门窗框、装饰线条、装饰雕刻上使用了华丽的镀金。它的奢华象征着君主制的堕落和专制。

右图: 凡尔赛宫的每一个立面都是不同的, 而且每一个立面都有数不清的门和落地窗, 多达 3000 人居住于此, 成为法国宫廷的重要组成部分。砖石结构的建筑部分在水平方向上均有装饰带。

拱形的长镜、大理石壁柱、镀金的柱头和华丽的顶面; 有镀金装饰、壁柱、双柱和精致雕塑的大理石庭院; 有拱形天花板和后殿的两层结构, 再加上顶部有科林斯式柱头壁柱的皇家礼拜堂; 以及由安格·雅克·加布里埃尔 (Ange Jacques Gabriel, 1698—1782 年) 设计的皇家歌剧院 (Royal Opera), 可容纳 1200 名宾客, 后来被称为路易十六风格最早的设计案例之一。

宫殿坐落在广阔的地面上, 特别是其奢华的内部设计, 激发世界各地的建筑和设计领域焕发了新的活力。凡尔赛宫的室内设计, 包括家具、室内装潢和壁画, 是由许多设计师和艺术家共同创作的, 包括查尔斯·勒布伦 (Charles Le Brun, 1619—1610 年)、弗朗索瓦·勒莫恩 (François Lemoyne, 1688—1737 年) 和祖斯特·奥里尔·梅森 (Juste- Aurèle Meissonier, 1695—1750 年), 并由安德烈·勒诺特 (André Le Nôtre, 1613—1700 年) 设计了花园。

圣保罗大教堂

克里斯托弗·雷恩

英国，伦敦

1675
1708

伦敦大火后，克里斯托弗·雷恩（Christopher Wren，1632—1723年）受命设计了50多座新教堂，其中便包括在大火中被毁的圣保罗旧址建造一座新的大教堂。

雷恩的计划于1675年获得批准，但是经过修改，直到数年后才开始大规模施工。受米开朗基罗为罗马圣彼得教堂（见第90页）的设计元素的启发，新的圣保罗教堂包括一个高111米的圆顶，使之成为1967年之前伦敦的最高建筑。高耸的巴洛克式穹顶由三层壳顶构成，分别为内层穹顶、隐藏在中间的砖墙，以及外层穹顶。位于连接中殿、唱诗班席、耳堂和侧廊的8扇拱门之上。圆顶下是一排交替布局窗户和突出的柱子，再往下则是有序排列的柱廊，用于支撑内部空间和外部圆顶，风格兼具装饰性和实用性。穹顶区域的两边是宽敞的耳堂和半圆形柱廊。

西面有一个传统门廊，两层楼有成对的柱子。建筑的两座钟楼高近65米。总体而言，该建筑设计融合了哥特式、文艺复兴和古典风格的元素，但主要采用了严谨的巴洛克风格，借鉴了英国建筑师伊尼戈·琼斯（Inigo Jones，1573—1652年）和法国建筑师朱尔斯·哈杜因·曼萨特的建筑理念。

克里斯托弗·雷恩

克里斯托弗·雷恩是设计师、天文学家、几何学家、英国皇家学会（The Royal Society，全称"伦敦皇家自然知识促进学会"）的创始人及主席。他30岁时开始从事建筑设计工作，尽管他在1666年大火后重建伦敦城的设计计划从未实现，但他在伦敦城内外设计了许多新建筑，包括皇家海军学院、格林威治天文台和许多教区的教堂。

巴洛克风格 第29页

其他关键作品

英国牛津大学拉德克利夫图书馆（Radcliffe Camera），詹姆斯吉布斯，1737—1739 年，英国，牛津

圣玛莉里波教堂，克里斯托弗·雷恩（Christopher Wren），1670—1673 年，英国，伦敦

圣马丁教堂，卢德盖特（Ludgate），克里斯托弗·雷恩，1677—1674 年，英国，伦敦

维斯圣地教堂

多米尼库斯·齐默尔曼 / 约翰·巴普蒂斯特·齐默尔曼

德国，巴伐利亚

1745
—
1754

多米尼库斯和约翰·巴普蒂斯特·齐默尔曼

多米尼库斯和约翰·巴普蒂斯特·齐默尔曼出身于一个艺术家和工匠家庭，兄弟俩一起工作。最初，多米尼库斯是一名粉刷匠，后来成为一名建造师和建筑设计师。他的哥哥约翰·巴普蒂斯特是一名建筑饰面师、壁画家和建筑师，两人几乎共同设计并执行了建筑各个方面的施工和装饰，其中大部分建筑作品是教堂。

巴洛克风格 第29页 洛可可风格 第30页

1738 年，传说在巴伐利亚州斯坦格登附近的一座木雕的基督像上，人们看到了真正的泪水。之后，一座朝圣教堂——维斯圣地教堂（Wieskirche，也被称为草地教堂）就建在这里。

由于来访者的数量日益增多，教堂不得不一再扩大。它需要足够醒目，但相对于乡村环境来说，又不能太炫耀。最终确定教堂的设计风格是洛可可和巴洛克风格的融合。当地建筑师、艺术家，多米尼库斯·齐默尔曼（Dominikus Zimmermann，1685—1766 年）和约翰·巴普蒂斯特·齐默尔曼（Johann Baptist Zimmermann，1680—1758 年）兄弟设计了这座椭圆形教堂，从外面看，是没有装饰的，由直线构成。然而，内部结构却是轻盈、通透的结构。8 个墩柱支撑着宏伟的柱头和拱顶，并装饰了精美的镀金、灰泥饰面和色彩优美的壁画。

多米尼库斯负责管理，并保证每一个局部都与整体协调一致，例如，拱形天花板上的视错觉（trompe – l'oeil）绘画描绘了彩虹、蓝天和飞翔的天使，有助于在内部空间形成欢乐和繁荣的氛围。室内的主要颜色有金色、蓝色和红色：金色象征天堂，蓝色象征上帝的恩典，红色象征基督的鲜血。彩色大理石柱矗立在长长的窗户前，日光从石柱和其他建筑元素的间隙中涌入室内。

其他关键作品

圣乔治·亚贝教堂（Saint Georg Abbey Church），艾吉德·基林·阿萨姆（Egid Quirin Asam）和科斯玛·达米安·阿萨姆（Cosmas Damian Asam），1724 年，德国，凯尔海姆

罗滕布奇教堂（Rottenbuch Church），约瑟夫·施穆泽（Joseph Schmuzer）和弗兰兹·泽弗·施穆泽（Franz Xaver Schmuzer），1747 年，德国，罗滕布奇

圣约翰·内波穆克教堂（Saint John Nepomuk），艾吉德·基林·阿萨姆（Egid Quirin Asam）和科斯玛·达米安·阿萨姆（Cosmas Damian Asam），1750 年，德国，慕尼黑

汉考克夏克尔村

美国，马萨诸塞州

1791
—
1961

成立于 18 世纪的耶稣基督复临归一会，简称震教派（Shakers）在美国各地建立了村落。

汉考克夏克尔村是 1783 年至 1836 年在美国建立的 19 个村庄中，第 3 个建立的村庄。在高峰时期，该村庄拥有 300 多个信徒。家庭住宅建在村庄的中心，以线性规划的形式排列，是紧密联系的社区基础。这些住宅由位于一楼的公用房间，男女分开的入口和楼梯，以及位于各楼层的独立卧室构成。村里的其他建筑物包括聚会厅（1793 年）和圆石谷仓（1826 年）。所有的房间都宽敞明亮，舍弃装饰，通常选用木材、花岗岩、大理石等其他石材建成。

震教派建筑师不允许使用装饰性的"串珠、线脚和檐口"，而门窗框，门楣和烟囱等元素的设计采用简单明了的线条。震教派规定，所有聚会厅"外面应该漆成白色，里面应该涂成蓝色"。汉考克最初的会议室建于 1786 年，有一个大型的开放式宗教舞蹈室。后来经过扩建，在 1938 年被夷为平地之前，加建了山形屋顶。巨大而独特的圆形石仓反映了该社区重视农业。

震教派（Shaker）建筑结构

建筑设计为震教派信徒们的共同生活、工作、礼拜创造环境。震教派建筑师们推平山坡，重新引导溪流，建造了巨大的住宅、办公室、谷仓和聚会室，其中包括可以充分接收自然光的房间，以及隔离开男女信徒的双廊道和楼梯。他们朴素的建筑风格经久不衰。

夏克尔风格 第33页

其他关键作品

阿尔弗雷德沙克村，建筑师不详，1793—1931 年，美国，缅因州

坎特伯雷沙克村，建筑师不详，1792—1992 年，美国，新罕布什尔州

恩菲尔德沙克村，建筑师不详，1792—1917 年，美国，康涅狄格州

美国议会大厦

威廉·桑顿 / 托马斯·乌斯蒂克·瓦尔特

美国，华盛顿特区

1793
1863

托马斯·乌斯蒂克·瓦尔特

议会大厦的第四位建筑师托马斯·乌斯蒂克·瓦尔特负责扩建南北侧厅，并给建筑添加了铸铁结构圆顶。他的方案使原有结构规模增加了两倍还多。完工后圆顶有 108 扇窗户，重达 4080 吨。

美国国会于 1789 年 3 月正式开始，并于 1790 年 7 月通过一项法案，在波托马克河边的一块土地上建立一个永久性的首都城市，由乔治·华盛顿总统（George Washington，1732—1999 年）定为新首都。

华盛顿总统邀请法国工程师皮埃尔·查尔斯·勒芬特（Pierre Charles L'Enfant，1754—1825 年）设计这座新城市。勒芬特提供了一个富丽堂皇的方案，相信政府会选用他的设计来建设这座城市，但他在 1792 年被解雇。当时担任国务卿的托马斯·杰斐逊（Thomas Jefferson，1743—1826 年）认为古希腊、古罗马风格建筑最能表达新共和国的理想，于同年发起了议会大厦设计竞赛。业余建筑师兼内科医生威廉·桑顿（William Thornton，1759—1828 年）以一个带有中央圆形大厅的新古典主义作品赢得了比赛。然而，由于种种原因，这一设计后来被英裔美国建筑师本杰明·亨利·拉特罗布（Benjamin Henry Latrobe，1764—1820 年）和查尔斯·布尔芬奇（Charles Bulfinch，1763—1844 年）修改后才得以实施。

19 世纪 50 年代，来自宾夕法尼亚州的建筑师托马斯·乌斯蒂克·瓦尔特（Thomas Ustick Walter，1804—1887）扩建了圆形大厅两侧的南（众议院）侧厅和北（参议院）侧厅，并与德裔美国建筑师奥古斯特·勋伯恩（August Schoenborn，1827—1902 年）一起设计了一个更大的圆顶。圆形大厅直径 29 米，墙壁顶部高 15 米，穹顶高达 54.9 米，穹顶由内外双壳结构组成，顶部有一个天光眼孔。

其他关键作品

白宫，詹姆斯·霍班（James Hoban），1792—1829 年，美国，华盛顿特区

弗吉尼亚州议会大厦，托马斯·杰斐逊（Thomas Jefferson），1788 年，美国，里士满

弗吉尼亚大学，托马斯·杰斐逊，1822—1826 年，美国，夏洛茨维尔

威斯敏斯特宫

查尔斯·巴里 / 奥古斯塔斯·普金

英国，伦敦

1834年，一场大火摧毁了威斯敏斯特宫旧址，随后举行了一场重建宫殿的设计竞赛。

在奥古斯都·普金（Augustus Pugin，1812—1852年）的协助下，经验丰富的建筑师查尔斯·巴里（Charles Barry，1795—1860年）赢得了该项目（的设计权）。受15世纪英国教堂的影响，这座巨大的建筑有一面水平面向河流的漫长立面，由垂直的尖塔、塔楼和三座高塔构成。其中最高大的维多利亚塔矗立在入口处，由铁框架支撑，隐藏在有复杂装饰的石材立面下，有高高的窗户、装饰华丽的石檐壁龛中的雕像。在中央大厅上方，建造了八角形中央塔楼以解决通风问题。建筑的尖顶，与其他两座塔形成视觉对比。伊丽莎白塔，俗称大本钟，是大钟所在地，由普金设计。伊丽莎白塔的四个立面上都有一个大钟，搭配许多尖塔、尖顶和塔楼元素，每一个大钟周围都有双曲线饰角（ogees）和雕刻弯曲的叶状装饰（crockets）。

在皇宫内部，笔直的主厅"中轴线"沿着中心延伸，包括上议院和下议院的辩论厅及其各自的大厅，以及中央大厅。走廊通向议会办公室。哥特式元素的复兴影响了后来许多公共建筑的设计。

查尔斯·巴里和奥古斯塔斯·普金

查尔斯·巴里是一位高产的建筑师，他曾游历各地，受到法国、意大利、以色列和叙利亚等国建筑的影响，尤其喜爱古典主义和哥特式设计。作为一名虔诚的天主教徒，普金特别喜欢哥特式风格。他对中世纪风格也很着迷，他的建筑设计风格对工艺美术运动产生了极大的影响。

哥特式复兴风格 第32页

其他关键作品

海克莱尔城堡，查尔斯·巴里，1839—1842 年，英国，伯克希尔

邓罗宾城堡，查尔斯·巴里，1835—1850 年，英国，萨瑟兰

诺丁汉大教堂，奥古斯都·普金，1841—1844 年，英国，诺丁汉郡

红屋

菲利普·韦伯 / 威廉·莫里斯

英国，肯特郡

红屋由菲利普·韦伯（Philip Webb，1831—1915 年）和"工艺美术建筑之父"——设计师威廉·莫里斯（William Morris，1834—1896 年）共同设计。

莫里斯决定为自己和新婚妻子简·莫里斯（Jane Morris，1839—1914 年）在远离伦敦市中心的地方建造一座乡村住宅，并雇用他的朋友韦伯帮助他设计和建造这座住宅。红屋是最早的工艺美术建筑之一，受中世纪主义哥特复兴风格的影响，并融入了莫里斯本人的工艺美术思想。这座红砖建筑被设计成一个不寻常的 L 形平面，有两层楼搭配高耸的红瓦屋顶。门厅、餐厅、书房、梳洗间和厨房位于一层，起居室、画室、工作室和卧室位于二层。

因为韦伯和莫里斯非常关注工人阶级的居住需求，红屋中佣人的住处比大多数现代建筑更大、更明亮。窗户的设置是为了适应房间的需要，而不是为了适应外部的对称性，因此有几种不同的窗户类型，包括垂直推拉窗、老虎窗和平开窗。由于当时找不到风格对应的家饰，莫里斯和他的朋友们设计、制造了几乎所有的室内装饰，从家具到瓷砖、烛台到餐具，甚至韦伯和爱德华·伯恩·琼斯（Edward Burne-Jones，1833—1898 年）还为此合作设计了花窗玻璃窗。

威廉·莫里斯和菲利普·韦伯

威廉·莫里斯是工艺美术运动最重要的人物之一，他是建筑师、设计师、作家、翻译家和社会主义活动家。作为一名建筑师，他受到中世纪风格的影响，并成立了莫里斯公司，以恢复手工艺品的设计和制造。在红屋之后，菲利普·韦伯设计了几座受工艺美术运动启发的建筑，灵感来源于他在伦敦的艺术实践。

其他关键作品

威特·威克庄园（Wightwick Manor），爱德华·乌尔德（Edward Ould），1887—1893 年，英国，伍尔弗汉普顿

德温特之家（Derwent House），欧内斯特·牛顿（Ernest Newton），1899 年，英国，布罗姆利

斯坦登之屋（Standen），菲利普·韦伯（Philip Webb），1892—1894 年，英国，西苏塞克斯

新天鹅堡

爱德华·里德尔 / 乔治·冯·多尔曼

德国，巴伐利亚

1869
——
1892

爱德华·里德尔和乔治·冯·多尔曼

爱德华·里德尔（1813—1885年）在巴伐利亚州北部的拜鲁思学习建筑，1834年毕业于慕尼黑。受到众多重要客户的追捧，他成为了首席宫廷建筑师。

乔治·冯·多尔曼（1830—1895年）在慕尼黑学习建筑。1868年，他开始为路德维希二世国王工作，1874年，他接任里德尔的工作，担任新天鹅堡的总监。

峭壁上的新天鹅堡位于两座小城堡的遗址之上，由路德维希二世（King Ludwig II，1845—1886年）委托建造。但在他41岁去世时，该建筑仅有三分之一完工。

路德维希离世后，这座未完工的城堡作为博物馆向公众开放。城堡的尖顶、塔楼和屋顶高度各不相同，错落有致。简化的凉亭和方塔在6年后完工，只有大约15个房间。这座城堡并不具备军事防御功能，代表了路德维希对中世纪神话的热爱。大部分的设计是基于两个早期城堡——德国的瓦茨堡和法国的皮尔方兹堡。

新天鹅堡有许多中世纪城堡的特征，如高塔、尖塔、城垛、大教堂和有围墙的庭院，但也配套安装了19世纪的奢侈品，如自来水、冲水马桶、中央供暖系统和电话线。其中，国王宫殿高达两层，其设计受到君士坦丁堡的圣索菲亚大教堂的影响，柱由斑岩和青金石制成的支柱来支撑穹顶（见第62页）。总体而言，这座城堡遵循了当时在德国特别流行的罗马复兴风格。圆顶拱门和筒形拱顶及其厚实坚固的墙壁都可以明显看出这种风格的特征。

其他关键作品

霍恩佐勒恩城堡，弗里德里希·奥古斯特·圣勒（Friedrich August Stüler），1850—1867年，德国，巴登－符腾堡

施韦林宫，戈特弗里德·塞默（Gottfried Semper），弗里德里希·奥古斯特·斯图勒（Friedrich August Stüler），乔治·阿道夫·德姆勒（Georg Adolph Demmler）和恩斯特·弗里德里希·兹维尔纳（Ernst Friedrich Zwirner），1845—1877年，德国，梅克伦堡前波莫瑞州

高天鹅堡，小多梅尼科夸利奥（Domenico Quaglio the Younger），1833—1837年，德国，施万高

罗马风格 第24页

圣家族大教堂

安东尼奥·高迪

西班牙，巴塞罗那

安东尼奥·高迪

作为一名虔诚的天主教徒，娴熟的建筑师及工匠——高迪，于1884年在巴塞罗那负责建造圣家族大教堂。尽管他遵循了数学结构来进行建筑设计，但他并未制订任何方案，主要依靠模型、自己的即兴创作和古怪的想法进行设计。

安东尼奥·高迪（1852—1926年）为巴塞罗那的圣家族大教堂创作了高耸的尖塔、夸张的雕塑和戏剧化的立面。

在19世纪末，西班牙加泰罗尼亚地区的哥特式复兴与摩尔式建筑融合在一起，创造了现代主义风格。高迪把这些概念与他自己独特的想法结合在一起，并从西班牙的自然景观，以及印度、波斯、中国、埃及和日本的艺术中汲取灵感。书商何塞·玛丽亚·博卡贝拉（José María Bocabella，1815—1892年）在参观了罗马的圣彼得大教堂后，提议修建圣家族大教堂。1884年，高迪被任命为圣家族大教堂项目的建筑师及主管，并计划使用石材和玻璃来建造一座巨大的大教堂，以赞美天主教信仰。然而，43年后他去世时，大教堂只有25%完工。高迪用源于自然的灵感创造了许多建筑形式，整座庞大的建筑是为了描绘《圣经》中的情节。

尽管整体建筑呈一个拉丁十字架型，但是建筑中几乎没有其他元素符合传统。有三个纪念性的主要立面，分别代表基督生命中的决定性事件：耶稣降生、受难和复活。每一个立面都有4座高塔围绕，用马赛克和玻璃装饰，塔内装有铃铛。其圣像雕塑都是以巴塞罗那的普通市民为原型，而高塔则代表传福音的教士和使徒。尖顶上的彩色马赛克和"绒球"状装饰象征着天主教主教的冠冕、指环和圣杖。

其他关键作品

巴特尔之家，安东尼奥·高迪，1904—1906年，西班牙，巴塞罗那

米拉公寓，安东尼奥·高迪，1906—1912年，西班牙，巴塞罗那

奎尔公园，安东尼奥·高迪，1900—1914年，西班牙，巴塞罗那

哥特式复兴风格 第32页 新艺术运动风格 第36页

温赖特大厦

路易斯·沙利文 / 丹克马尔·阿德勒

美国，圣路易斯

1891

路易斯·沙利文和丹克马尔·阿德勒

路易斯·沙利文不仅是"摩天大楼之父"和"现代主义之父"，还是建筑大师弗兰克·劳埃德·赖特的导师。德国出生的美国建筑师丹克马尔·阿德勒，既是一名建筑师，也是一名土木工程师。他和沙利文合作创立了阿德勒与沙利文建筑公司（Adler & Sullivan），并因其创新、实用的现代建筑作品而闻名。

温赖特大厦由路易斯·沙利文（1856—1924年）和丹克马尔·阿德勒（Dankmar Adler，1844—1900年）设计建造，是世界上最早的摩天大楼之一。

这座大厦以当地金融家埃利斯·温赖特（Ellis Wainwright，1850—1924年）的名字命名。温赖特需要足够的办公空间来管理圣路易斯啤酒协会（St.Louis Brewers Association），温赖特大厦是以一根古典圆柱的 3 个部分为基础的：基座、竖井和柱头。建筑采用现代建筑技术，底层钢结构被陶土外墙覆盖。一楼有临街的商店，配以宽大的玻璃隔断；中间楼层是方便进出的办公室；顶层有水箱和建筑机械。所有窗户都设在柱子和柱墩后面，强调整体建筑形态的垂直感。每层楼的陶土板上都雕刻了树叶装饰的浮雕。第 9 层上方布满卷曲的浮雕装饰带，构成一扇扇圆形的镶嵌窗。

沙利文认为："摩天大楼必须高，每一英寸都要显示出高大。高度的力量、荣耀和骄傲，都必须蕴含在建筑中。自下而上，它的每一英寸都是骄傲且至高无上的，没有一根多余的线条，令人欣喜若狂。"尽管采用了古典柱式布局，建筑整体设计还是有意通过简单的几何结构和有机的装饰体现出现代风格。

其他关键作品

礼堂大楼，阿德勒和沙利文（Adler & Sullivan），1889 年，美国，芝加哥

瑞莱斯大厦，丹尼尔·伯纳姆（Daniel Burnham）、约翰·罗特（John Root）和查尔斯·阿特伍德（Charles Atwood），1890—1895 年，美国，芝加哥

卡森·皮里·斯科特和公司大楼，路易斯·沙利文（Louis Sullivan），1899 年，美国，芝加哥

芝加哥学派 第34页

卡尔广场地铁站

（Karlsplatz Underground Station）

1899

奥托·瓦格纳

奥地利，维也纳

19 世纪下半叶，维也纳城市规模、国际地位和人口不断增加，逐步成为世界音乐、艺术、建筑和哲学之都。

1894 年，奥托·瓦格纳（1841—1918 年）被任命为维也纳美术学院建筑学院院长，他受政府委托设计新的城市铁路系统，该铁路系统由一系列横跨维也纳的车站和桥梁组成，以满足蓬勃发展的大都市的交通需要。7 年内，瓦格纳规划、设计和建造了一系列的建筑与设施。1899 年，他设计的卡尔广场车站的进站口也是这一宏伟项目方案的一部分。

车站的设计从地面延伸至地下，既正式、有序，又具有弯曲、有机的新艺术风格。候车亭在铁轨两侧展开。在拱形金属框架屋顶下，程式化的花朵和几何图案形成装饰带。大理石板镶嵌在外表面的钢框架上。瓦格纳在整个城市铁路系统中使用了柔和的绿色、金色和白色的配色方案。由于专注于对称性和简洁性，卡尔广场地铁站的设计在当时是具有革命性的，并且达到了瓦格纳想让车站设计在维也纳产生持久影响的目标。作为维也纳分离派中颇具影响力的成员，瓦格纳的车站设计遵循了分离派所阐述的艺术原则。

奥托·瓦格纳

1894 年至 1913 年，维也纳的先驱建筑师及维也纳分离派成员奥托·瓦格纳（Otto Wagner）担任维也纳美术学院建筑学院院长。奥托是一名富有创意的建筑师，他帮助维也纳成为一个拥有现代感的城市，创造了风格化装饰与规则相融合的建筑形式。

其他关键作品

分离派展览馆，约瑟夫·玛丽亚·奥尔布里希（Joseph Maria Olbrich），1897 年，奥地利，维也纳

塔塞尔公馆，维克托·奥尔塔（Victor Horta），1893—1894 年，比利时，布鲁塞尔

市政大楼，奥斯瓦尔德·波尔维卡（Osvald Polívka）和安东尼·巴尔萨内克（Antonín Balšánek）1912 年，捷克共和国，布拉格

杰内大清真寺

建筑师不详 / 由伊斯梅拉·特拉奥雷重建
马里，杰内

1907

杰内大清真寺始建于 13 世纪，是苏丹 – 萨赫勒（Sudano-Sahelian）式建筑风格的惊人典范，也是世界上最大的泥制结构建筑。

这座建筑是用晒干的泥砖混合沙子和灰泥建造的，建筑外观全部涂上了灰泥，在最初建造了两座塔和一堵围墙之后，又在几年后扩建。在 1907 年重建时，在朝拜（qibla）之墙外新增了三座高耸的尖塔。每个塔顶都有锥形尖塔，祈祷大厅内有 90 根巨大的柱子，南北墙上有不规则的小窗户。

伊斯梅拉·特拉奥雷

伊斯梅拉·特拉奥雷（Ismaila Traoré，生卒不详）是杰内城的首席泥瓦匠人，法国人于 1893 年控制了该地区，1907 年由法国人出资委托特拉奥雷重建清真寺。该建筑尽管在很多方面都很传统，包括使用当地材料、嵌入墙内的棕榈树干，但清真寺建筑的对称形式也显示出受到法国建筑风格的影响。

伊斯兰风格 第20页

其他关键作品

津加里贝尔清真寺，建筑师不详，1327 年，马里，廷巴克图

博博迪乌拉索清真寺，建筑师不详，约 1890 年，布基纳法索，博博迪乌拉索

拉拉班加清真寺，建筑师不详，1421 年，加纳，拉拉班加

里特维德-施罗德住宅

格瑞特·里特维尔德

荷兰，乌得勒支

1924
—
1925

格瑞特·里特维尔德

里特维尔德从小学习制作家具。1906 到 1911 年间，他在乌得勒支的一家珠宝店当绘图员，然后创办了自己的家具制作公司。他的建筑作品遵循了他的家具设计原则，这些原则都是从荷兰风格派（De Stijl）的家具设计中提炼的。上世纪 50 年代，他主要从事民用住宅设计项目。

1924 年，荷兰社会名流、药剂师特鲁斯·施罗德（Truus Schröder-Schräder，1889—1985 年）委托格瑞特·里特维尔德（1888—1964）为她和她的 3 个孩子建造住宅。

这座小型住宅代表了 20 世纪 20 年代荷兰风格派艺术家和建筑师们的理想，相对以前的建筑风格来说，有了根本性的突破。这座两层楼住宅的一楼围绕着中央楼梯布局，楼上是一个动态多变的开放式生活区。施罗德一直对艺术感兴趣，知道自己想要什么，但她没有建筑或设计的经验。起初里特维尔德表示难以实现施罗德对灵活的居住空间的要求。但最终他通过采用滑动、旋转的面板系统，可以在需要时打开或关闭，以分隔或扩大房间，为内部空间提供了多种变化的可能，实现了业主的这一要求。

这座住宅由垂直的线条和朴素的墙面所构成，外部有几个阳台。色彩搭配坚持了荷兰风格派的理念，仅限于白色、灰色、黑色和原色，内部和外部空间几乎没有区别。为了遵循可移动设计的严格标准，即使是窗户也只能以与墙壁成 90 度角的角度打开。建筑基础和阳台由混凝土制成，墙壁由砖和石膏制成，窗框、门和地板则由木材制成。

其他关键作品

鹿特丹大学咖啡厅，雅各布斯·约翰内斯·皮特·乌德（J.J.P.Oud），1925 年，荷兰，鹿特丹

黎明宫室内设计，索菲·泰伯-阿普（Sophie Taeuber-Arp），让·阿尔普（Jean Arp）和特奥·范·杜斯堡（Theo van Doesburg），1926—1928 年，法国，斯特拉斯堡

埃姆斯之家，查尔斯（Charles）和蕾·埃姆斯（Ray Eames），1949 年，美国，洛杉矶

包豪斯教学楼

瓦尔特·格罗皮乌斯

德国，德绍

1925
—
1926

1919年，瓦尔特·格罗皮乌斯（Walter Gropius，1883—1969年）在德国魏玛（Weimar）创立了包豪斯学校（Bauhaus），旨在将工业、工艺和艺术更紧密地结合起来，改革事物的设计和制造方式。

1925年，当包豪斯迁至德绍时，格罗皮乌斯设计了一个新的校园，利用一系列侧翼和街区来打造不对称的布局。每一个局部建筑都是根据功能而设计，包括车间、工作室、图书馆、餐厅、宿舍、讲堂、教室和会议室。工作坊和教学楼分为两个独立的街区，每个街区的建筑物有三层，并由一座两层楼高的桥楼连接，桥楼内有办公室。5层的街区有28个相同的工作室和公寓，供学生和年轻专家住宿。为高级专家和学校高层设计的住宅（见第43页）建在附近的一块土地上。

该建筑主要是用钢筋混凝土和砖填充而成。重功能轻形式，没有多余的装饰。它的许多大窗户外都设有钢条，这些钢条是车间外墙上玻璃幕墙的承重结构。平屋顶创造了统一性，而配色方案仅限于灰色、白色、黑色和门上的红色。干净的线条设计体现了包豪斯的工业美感和极简主义美学，室内装潢所用的配件都是在学校的车间里制作的。

瓦尔特·格罗皮乌斯

生于柏林的格罗皮乌斯曾为彼得·贝伦斯（Peter Behrens，1868—1940年）工作，1910年与阿道夫·迈耶（Adolf Meyer，1881—1929年）建立了自己的建筑事务所。他于1919年创建了包豪斯学校，1919年至1928年担任校长。在他的一生中，一直在证明路易斯·沙利文提出的"形式追随功能"（form reflects function）原则。1934年移居英国，后于1937年移居美国。

现代主义风格 第37页 包豪斯风格 第43页

其他关键作品

法古斯工厂，瓦尔特·格罗皮乌斯和阿道夫·迈耶，1911—1925 年，德国，下萨克森州

德国贸易联盟联合学校，汉内斯·迈耶（Hannes Meyer），1928 年，德国，柏林－贝尔瑙

德索－托尔滕住宅区，瓦尔特·格罗皮乌斯，1926—1928 年，德国，德绍

窗户 第167页 **顶** 第168页 **楼梯** 第176页 **砖** 第195页 **混凝土** 第201页 **玻璃** 第206页 **钢** 第209页

克莱斯勒大厦

威廉·范·阿伦

美国，纽约

1928
—
1930

威廉·范·阿伦

范·阿伦在普拉特艺术学院学习，并为纽约的几位建筑师工作，之后在1908年获得奖学金，并在巴黎埃科尔美术学院继续学习。回到纽约后，他开始受邀建造克莱斯勒大厦，竟与曾经的商业伙伴H.克雷格·塞弗朗斯（1879—1941年）展开了建造世界最高建筑的竞争。

克莱斯勒大厦由威廉·范·阿伦（William Van Alen，1883—1954年）设计，1930年竣工时是当时世界上最高的塔楼。

从地面到尖顶，摩天大楼高319米，由77层和3862扇窗户组成。当时，它是克莱斯勒汽车公司（Chrysler Motors）的总部，是第一座高达305米的人工建筑。从宽阔的地基上升，逐渐变窄，直达顶端的尖顶。该建筑为钢架结构，以砖石填充，并搭配金属结构的装饰性区域，这些装饰造型有V字形、旭日形、流线和弧形、黑白线条和几何图案。"诺瑞斯塔"[1]（Nirosta）不锈钢是一种闪亮的防锈合金，广泛用于外部装饰、窗框、顶和顶尖，一楼的大堂由大理石和铬合金装饰。所有这些建筑细节都体现了1925年巴黎世博会中出现的装饰艺术风格（Art Deco style）。

范·阿伦原本打算在塔顶建一个玻璃穹顶，但当他得知自己的作品会和H.克雷格·塞弗朗斯（H.Craig Severance）设计的曼哈顿信托银行大厦竞争"最高建筑"时，便增加了尖顶，该尖塔预先分为四部分，并于1929年10月吊装到位。建成之后的克莱斯勒大厦拥有现代化的真空清洁系统和32台高速电梯，在效率方面也处于世界领先地位。

其他关键作品

芝加哥贸易委员会大厦，霍拉比德（Holabird）和罗茨（Root），1929—1930年，美国，芝加哥

帝国大厦，史莱夫（Shreve）、兰姆（Lamb）和哈蒙（Harmon），1929—1931年，美国，纽约

洛克菲勒中心，雷蒙德·胡德（Raymond Hood），1930—1939年，美国，纽约

---

1 诺瑞斯塔（Nirosta）：德国克虎佰（Krupp）公司生产的一款不锈钢。

萨伏伊别墅

1929
1930

勒·柯布西耶 / 皮埃尔·詹内特

法国，波西

勒·柯布西耶

查尔斯·爱德华·让纳雷（Charles-Edouard Jeanneret）出生于瑞士，曾接受过雕刻工艺培训，后来成为建筑师，并更名为勒·柯布西耶（Le Corbusier）。他先在柏林跟随彼得·贝伦斯（Peter Behrens），后在巴黎跟随奥古斯特·贝瑞（Auguste Perret，1874—1954年）学习设计。作为现代主义建筑和国际风格的先驱，他于1922年与堂兄皮埃尔·詹内特（Pierre Jeanneret）建立了业务往来，以设计优雅而实用的建筑而闻名。

右图：勒·柯布西耶（Le Corbusier）的想法是在纯白色的中庭上建造房子，目的是在结构下方创造空间，传达轻盈的感觉，同时为业主留出一个能遮阳的停车区域。

萨伏伊别墅的水平窗户、中庭、平屋顶和开放式内部结构都是国际风格的典范。

这座为周末度假而设计的住宅，可能是大众最熟知的勒·柯布西耶（1887—1965年）的建筑作品，由他和表兄皮埃尔·詹内特（Pierre Jeanneret，1896—1967年）合作设计。萨伏伊别墅位于巴黎郊区，是一座独立的住宅，它遵循柯布西耶的设计原则——"住宅是居住的机器"，还包括他在1923年出版的《走向新建筑》（*Towards An Architecture*）一书中定义的新建筑的五要素：底层架空，即建筑应该有独立支柱，把建筑底层抬高；自由平面，不需要承担结构功能的墙面；自由立面，摆脱承重结构的外墙，富于变化，体现在视觉上各楼层可独立于主结构；横向的条形或带状长窗；屋顶花园。

下图：楼梯和坡道通向屋顶的花园和阳光露台。对勒·柯布西耶来说，隐藏的屋顶花园是住宅里最重要的"房间"，人们可以在那里享受阳光。

右图：由于横向的带状窗摆脱了对承重外墙的依赖，所以带状窗户（长而水平的钢框架玻璃窗）成为了新国际风格的典型特征。

　　由于萨伏耶别墅主要由白色的外立面和长长的横向窗户构成，没有通常的建筑结构限制，能让光线涌入内部广阔而开放的空间。虽然这座建筑主要以直线造型为特色，但内部螺旋形单独楼梯和倾斜的坡道相呼应，营造出一种空间运动感。底层高挑的立柱不仅留出了停车的空间，同时表现出建筑的悬浮感，并突出长窗的水平布局。然而，为了不破坏该建筑流线造型的美观，柯布西耶并没有设计排水管或窗台，导致屋顶漏水。而且，时间证明建筑的白色表面容易受到污染和侵蚀。

其他关键作品

斯泰因别墅，勒·柯布西耶，1926 年，法国，沃克雷森

吐根哈特住宅，路德维希·密斯·凡·德·罗（Ludwig Mies van der Rohe），1930 年，捷克，布尔诺

瑞士馆，勒·柯布西耶，1932 年，法国，巴黎

窗 第167页 **楼梯** 第176页 **脚柱** 第188页 **混凝土** 第201页 **灰泥** 第205页 **玻璃** 第206页 **钢** 第209页

流水别墅

弗兰克·劳埃德·赖特

美国，宾夕法尼亚州

在森林茂密的乡间深处，瀑布上方突出的岩壁上屹立着一座别墅，延伸向外的落水阳台仿佛是一种无视地心引力的存在。

流水别墅是弗兰克·劳埃德·赖特（Frank Lloyd Wright，1867—1959年）为一位富有的百货公司老板设计的，也是他最著名的作品之一。该建筑引人注目的突出阳台和宽大的窗户为客厅和卧室创造了开阔的视野。这座别墅主要由石头和混凝土制成，完全与景观融合，尽管阳台很重，必须用钢结构加固，但看起来，整座建筑似乎漂浮在喷涌的山溪之上。室内的石板地板和家具也是由赖特设计的，有助于建筑内部和外部的协调。建筑整体表达了赖特设计的思想中所描述的"有机建筑"。

在室外，石阶和弯弯曲曲的小径将主楼、客人居室和停车位连接起来，室内的壁炉则围绕着基地原有的巨石建造。流水别墅很少有窗户与传统的结构，取而代之的是安装在红色金属框上的玻璃墙，这些金属条直接嵌入墙壁与岩石间的防水区域。赖特的设计充满了视觉对比，如在平滑粗糙的肌理与厚重轻盈的材质之间，通透与不透明的元素之间。

弗兰克·劳埃德·赖特

弗兰克·劳埃德·赖特是美国最伟大的建筑师之一，他曾学习工程学，随后在芝加哥为路易斯·沙利文工作。1897年，他协助建立了芝加哥工艺美术协会。1900—1901年，他完成了"草原式住宅"（Prairie Houses）中的第一栋住宅，逐渐声名远扬。"草原式住宅"由一些低矮、分散的建筑物构成，内部的房间彼此相连。

现代主义风格 第37页 有机建筑风格 第38页

其他关键作品

罗比住宅，弗兰克·劳埃德·赖特（Frank Lloyd Wright），1909—1910 年，美
国，芝加哥

古根海姆博物馆，弗兰克·劳埃德·赖特，1953—1959 年，美国，纽约

美国庄臣行政大楼，弗兰克·劳埃德·赖特，1936—1939 年，美国，拉辛

希格拉姆大厦

路德维希·密斯·凡·德·罗

美国，纽约

1954
—
1958

路德维希·密斯·凡·德·罗

密斯·凡·德·罗曾师从彼得·贝伦斯（Peter Behrens），之后在柏林开设了自己的事务所。为了避免建筑使用装饰元素，他开创性地使用了钢架结构、玻璃、大理石和石灰华等材料组合。1930年至1933年，他任包豪斯学校董事。1938年，他移居美国，成为世界上最杰出的现代主义建筑师之一。

　　希格拉姆大厦位于纽约市公园大道，矗立在由两个水池构成的阶梯式广场上，建筑风格具有现代主义的典型特征。

　　由路德维希·密斯·凡·德·罗（1886—1969年）设计的高塔式建筑由38层钢铁与玻璃构成的与广场的花岗岩铺面形成了鲜明的对比。大厅以上的各楼层，办公空间的布局很灵活，并用发光的天花板照明。同时，每层房间通过巨大的灰色托帕石落地玻璃幕墙，接收大量的自然光。

　　希格拉姆大楼采用的简洁、顺滑的线条成为后来许多办公楼的范本，使摩天大楼体现出国际风格。密斯希望钢框架是可见的，但美国建筑规范要求所有的结构钢都要用防火材料覆盖，通常是用混凝土。为了既隐藏框架，又可以保留具有结构的立面，他创造了一个额外的非承重金属梁外框，以包围巨大的玻璃窗，使用了1360吨青铜材料，这令建筑具有了独特的颜色。在建造时，希格拉姆大厦成为当时世界上最昂贵的摩天大楼，因为它使用了众多昂贵的材料，包括青铜、石灰华（孔石）和大理石。

其他关键作品

利华大厦，斯基德莫尔（Skidmore），奥因斯（Owings）和美林（Merrill），1951—1952年，美国，纽约

杰斯珀办公室，阿恩·雅各布森（Arne Jacobsen），1953—1955年，丹麦，哥本哈根

皮瑞里大厦，吉奥·庞蒂（Gio Ponti），1956—1958年，意大利，米兰

现代主义风格 第37页 国际主义风格 第42页 包豪斯风格 第43页

窗 第167页 塔 第174页 楼梯 第176页 柱 第177页 **大理石** 第200页 **玻璃** 第206页 **钢** 第209页

悉尼歌剧院

约恩·乌松

澳大利亚，悉尼

1957
—
1973

1956 年，澳大利亚新南威尔士州政府发起了一项国际竞赛，为悉尼的便利朗角（Bennelong Point）设计一座国家歌剧院。

鲜为人知的丹麦建筑师约恩·乌松（Jørn Utzon，1918—2008 年）赢得了竞赛，他设计了一座雕塑般的弧形建筑，两组大厅外的重叠白色屋顶覆盖了建筑顶面，从根本上打破了现代主义建筑的简单矩形形式。乌松说，这是受到了橘子皮剥开的造型启发。然而，在创作弯曲的弧形顶部时，结构性技术问题很快就显现出来。最终，在1961 年，英国工程师奥瓦鲁普（Ove Arup，1895—1988 年）提出了一个结构解决方案，将混凝土球体切割成有98 个相同切面的多面体。不幸的是，因为成本上升，设计方与澳大利亚政府发生了各种纠纷，最终导致乌松辞职。由三位当地建筑师组成的委员会取而代之，他们改变了建筑的内部设计方案，使内部空间更加实用，但最终使乌松的大部分设计都得以呈现。

悉尼歌剧院的弧形屋顶用 2194 个轻薄混凝土结构建造，用钢构固定，用白色瓷砖做表面装饰，有些是亮光表面，有些是亚光表面。巨大的玻璃幕墙连接屋顶与地板。建筑由 580 个混凝土桥墩支撑，这些桥墩沉入海平面以下25 米处。室内是铺设当地的粉红色花岗岩，拱形混凝土横梁在顶部创造出螺旋形的天花板结构。

约恩·乌松

乌松曾为瑞典建筑师阿斯·普伦德（Gunnar Asplund，1885—1940 年）和芬兰建筑师兼设计师阿尔瓦·阿尔托（Alvar Aalto，1898—1976 年）工作过一年。随后在他的家乡哥本哈根成立了自己的事务所。在赢得悉尼奥运会项目之前，他曾在丹麦设计过住宅，尽管后来他在欧洲工作，但悉尼歌剧院的设计所涉及的结构问题让后来的很多客户对他的工作心存疑虑。

现代主义风格 第37页 有机建筑风格 第38页 表现主义 第40页

其他关键作品

代代木国家体育馆，丹下健三，1963—1964 年，日本，东京

奥林匹克体育场，冈瑟·贝尼施（Günther Behnisch）和弗雷·奥托（Frei Otto），1968—1972 年，德国，慕尼黑

乌森中心，约恩·乌松（Jørn Utzon），2005—2008 年，丹麦，奥尔堡

巴西利亚大教堂

奥斯卡·尼迈耶

巴西，巴西利亚

1958
—
1970

建筑位于巴西的新首都巴西利亚，建于 1956 年至 1960 年间，主要由建筑师奥斯卡·尼迈耶（1907—2012）根据他的朋友卢西科斯塔（Lució Costa，1902—1998 年）的设想所设计。

尼迈耶使用混凝土创造出拥有雕塑般有机形态的建筑外观。这座建筑有 16 根相同的曲柱，它们向上延伸、相连、向外张开，形成皇冠般的外观，非常引人注目。该建筑造型完全对称，打破了所有教堂建筑的先例。从外面看，白色的柱子把视线引向它们聚集的地方，托起混凝土圆盘的屋顶，然后朝不同方向分岔。中央圆盘的顶部有一个十字架造型。

建筑内部的直径约 70 米，可容纳约 4000 名信徒。使用玻璃填充曲柱之间的空间，以便在白天让室内有充足采光。虽然玻璃在众多建筑中被普遍使用，但在祭坛周围使用蓝色和绿色花窗玻璃形成旋涡的造型非常少见，这是由法国——巴西艺术家玛丽安·佩雷蒂（Marianne Peretti，1927—　）设计的。一个普通的白色长方形祭坛与彩色的玻璃和弯曲的柱子形成对比。由于弯曲的柱子向两端逐渐变细，在室内会有视觉上的失重感。建筑旁边还有一个独立钟楼，由一根混凝土柱构成，并朝顶部逐渐缩小。其顶点支撑着一根 20 米长的横梁，悬挂着四个巨钟。

奥斯卡·尼迈耶

奥斯卡·尼迈耶出生于里约热内卢，是未来派建筑风格的重要代表，因为在巴西利亚设计的城市建筑而受到国际认可。先后与众多建筑师合作设计纽约联合国总部大楼。擅长用钢筋混凝土打造雕塑般的建筑造型。

现代主义风格 第37页 未来主义风格 第39页

其他关键作品

埃迪菲西奥公寓（Edifício Copan），奥斯卡·尼迈耶（Oscar Niemeyer），1952—1961年，巴西，圣保罗

黎明宫（Palácio da Alvorada），奥斯卡·尼迈耶，1957—1958年，巴西，巴西利亚

尼特莱当代艺术博物馆，奥斯卡·尼迈耶，1991—1996年，巴西，里约热内卢

➜ **顶** 第168页 **柱** 第177页 **混凝土** 第201页 **玻璃** 第206页

栖息地67号

莫瑟·萨夫迪

加拿大，蒙特利尔

1966
—
1967

栖息地 67 号（Habitat67）是以色列裔加拿大建筑师莫瑟·萨夫迪（Moshe Safdie，1938—　年）为 1967 年蒙特利尔世界博览会设计的住宅小区，最初是一个实验性的建筑项目。

为了探索用于降低住房成本的装配式模块化单元，以及创造一种新的居住形式的可能性，该项目于 1961 年作为萨夫迪在蒙特利尔麦吉尔大学建筑学硕士论文的"三维模块化建筑系统"而启动。通过他的设计，萨夫迪相信住在高层建筑里的生活也可以像住在村庄一样。

建筑楼体高达 12 层，由 158 套 15 种不同的公寓组成，其形状和大小各不相同。它们由一到四个不同配置的钢筋混凝土"单体"（box）组成。整个建筑群由 354 个装配式混凝土单元构成。它们是在装配线上完成构建，通过起重机以各种组合方式堆砌，并通过内部钢结构连接。

每套公寓都有一至四间卧室，面积在 60 至 160 平方米之间，配有悬挂式露台和天窗。居民可通过一系列的走道和桥梁抵达房间，并配有三部电梯。可能是受到萨夫迪成长的以色列城市海法的当地建筑启发，每个独立的"单体"都远离近邻，保证私密性、屋顶花园和充足的自然光。这使得每间公寓既有个人空间，也有公共空间，是对传统高层建筑形式的改良。

莫瑟·萨夫迪

栖息地 67 号将萨夫迪推向了设计具有高度创新性建筑的，国际职业建筑师这一全新领域。1954 年，他跟随家人从以色列搬到加拿大蒙特利尔。1961 年他获得了建筑学学位。经历了在费城为路易斯·康（Louis Kahn，1901—1974 年）做助手之后，他回到蒙特利尔，并于 1964 年在当地成立了自己的公司，1970年又在耶路撒冷成立了另一家公司。

其他关键作品

西柏林汉莎区，阿尔瓦·阿尔托，1955—1957 年，德国，柏林

巴比肯庄园，钱伯林 & 鲍威尔和邦建筑公司（Chamberlin，Powell and Bon），1963—1975 年，英国，伦敦

瓦尔登 7 号，里卡多·博菲尔（Ricardo Bofill，1972—1972 年），西班牙，巴塞罗那

楼梯 第176页 **柱** 第177页 **露台** 第187页 **混凝土** 第201页 **玻璃** 第206页 **钢** 第209页

蒙特利尔自然生态博物馆

1966
—
1967

巴克敏斯特 · 富勒

加拿大，蒙特利尔

　　1965年，美国信息局委托巴克敏斯特 · 富勒（Buckminster Fuller，1895—1983年）为1967年蒙特利尔世界博览会设计了美国馆，现在被称为蒙特利尔自然生态博物馆。

　　富勒设计了一个直径为76米、高61米的短程线四分之三球体，高达20层。在此之前的近20年中，他一直在完善自己的短程线穹顶设计，钻研材料效率和结构性模块，他认为这将是一种可持续和易于复制的设计模式。圆顶由两层钢结构组成，内外分别为六角形网络和三角形网络体系。每个面板都用有色透明亚克力面板密封，内部温度由电脑控制的遮阳板调节，以保持正常。富勒认为三角形是完美的形式。相对于传统建筑形式，通过他设计的结构，仅使用大约五分之一的材料，就能创造出一个同等规模的建筑物。相互嵌合的三角形组合以简单的方式实现了最大的使用效率。

　　在世博会期间，生态博物馆内有6层，作为美国展品的陈列空间使用，第7层有4个主题平台，还有一个37米长的自动扶梯，是当时存在的最长的扶梯。1976年，一场大火摧毁了圆顶的亚克力面板，现在它变成一家专门研究环境问题的博物馆。

巴克敏斯特 · 富勒

巴克敏斯特 · 富勒是美国马萨诸塞州的发明家、设计师、作家和建筑师。他出版了大约30本书，拥有28项设计专利，曾获得47个荣誉学位。他还有众多个人发明，主要用于建筑设计，并推广了短程线穹顶。为了解决更广泛的全球性问题，他并没有将自己局限于建筑领域，而是更愿意称自己为"设计科学家"。

短程线穹顶结构 第45页

其他关键作品

金色穹顶，巴克敏斯特·富勒，1958 年，美国，俄克拉荷马城

多姆之家，巴克敏斯特·富勒，1960 年，美国，伊利诺伊州

伊甸园工程（Eden Project），尼古拉斯·格里姆肖（Nicholas Grimshaw），1998—2001 年，英国，康沃尔

蓬皮杜艺术文化中心

理查德·罗杰斯 / 伦佐·皮亚诺

法国，巴黎

1971
—
1977

　　受 20 世纪 60 年代建筑设计思想的影响，巴黎蓬皮杜艺术文化中心成为高技派建筑的典范。

　　蓬皮杜艺术文化中心不仅是世界上最大的现代艺术收藏机构之一，还拥有一个大型的公共图书馆，是一座充满多元文化的综合性建筑。蓬皮杜艺术文化中心由英国建筑师理查德·罗杰斯（Richard Rogers，1933—　　年）和意大利建筑师伦佐·皮亚诺（Renzo Piano，1937—　　年）设计，与爱尔兰结构工程师彼得·赖斯（Peter Rice，1935—1992 年）合作。他们创造了"由内而外"的建筑风格，也被称为"鲍威尔主义"。从外观上看，这座建筑就像一台巨大的机器，其特点是由钢铁制成的柱子如骨骼般支撑着一个由众多横梁和对角支柱组成的构架网络，其外沿有巨大的彩色管道。在正面，自动扶梯被透明的亚克力长罩包围。各种暴露在外的设施，其设计风格大胆而绚丽，以引起行人的注意。

　　相比之下，除了天花板上有一排鲜艳的管道将外部和内部连接起来，建筑内部简单而宽敞，有开放式的走廊和落地窗。这种高技派的构建方式是在 20 世纪 70 年代由罗杰斯、皮亚诺、诺曼·福斯特（Norman Foster，1935—　　年）和其他几位建筑师发展起来的，他们避开了现代主义的混凝土、钢和玻璃构成的"单体"，目的是公开、诚实地展示现代技术和材料，而不是用建筑表皮隐藏它们。

罗杰斯与皮亚诺

理查德·罗杰斯曾在伦敦建筑协会和纽约耶鲁大学学习。在耶鲁大学学习期间他遇到了诺曼·福斯特。有一段时间，他们与苏·罗杰斯（Su Rogers，1939—　　年）和温迪·福斯特（Wendy Foster，1937—1989 年）一起工作。后来罗杰斯设计了几座标志性建筑。来自意大利热那亚的建筑师兼工程师伦佐·皮亚诺（Renzo Piano）也创作了一些创新建筑，如伦敦的摩天大楼"碎片大厦"（Shard in London，2009—2012 年）。

高技派风格　第49页

其他关键作品

劳埃德大厦，理查德·罗杰斯，1978—1986 年，英国，伦敦

汇丰银行总部大厦，1983—1986 年，福斯特及合伙人，中国，香港

北密歇根大道 875 号，斯基德莫尔（Skidmore），奥文斯（Owings）和美林
（Merrill），1965—1969 年，美国，芝加哥

窗 第167页 柱 第177页 混凝土 第201页 玻璃 第206页 钢 第209页

波特兰大厦

迈克尔·格雷夫斯

美国，俄勒冈州

1980
—
1982

迈克尔·格雷夫斯

作为最早的后现代主义倡导者之一，迈克尔·格雷夫斯从未停止过自己的建筑实践，同时他也在普林斯顿大学担任了近40年的建筑学教授。作为激进的意大利设计团体"孟菲斯（Memphis）"的成员，迈克尔因其现代和后现代建筑设计以及为阿莱西（Alessi）公司设计的产品（如1985年的"鸟鸣"壶）而获得普遍认可。

波特兰市政厅（Portland Municipal Services Building）是一座15层高的办公楼，在当时，它摒弃了简约、直线条的现代主义风格。

波特兰市政大楼是美国建筑师迈克尔·格雷夫斯（Michael Graves，1934—2015年）设计的一座大型建筑，它的底部、中间和顶部都遵循了古典主义的柱式结构。该建筑的外部色彩丰富、纹理多变，搭配规则排列的方形窗户，与20世纪初以来占据办公建筑主导地位的现代主义矩形钢和玻璃建筑形成鲜明对比。青色、陶土和蓝色的外墙与天、地、绿植融为一体，方形建筑的柱、山墙和雕带般的装饰带，整体给人一种气势恢宏的感觉。

除了需要摆脱人们印象中的办公建筑的枯燥印象外，波特兰市政大楼还必须涵盖该市许多公共机构的办公室，以及可出租的办公空间和一个美食广场，所有这些空间都需要在极其紧张的预算下实现。尽管这座建筑具有创新性，但也有一些复古的建筑元素。如：外墙的釉面陶土元素便是波特兰建筑历史中常见的一种材料，并与其他有色钢筋混凝土和玻璃纤维的建筑形成对比。这种对同期建筑风格的根本性突破引起了很大争议，而其为了追求低造价而实施的室内设计也给使用者带来了诸多问题，导致波特兰市政厅在投入使用后，进行了一系列的整修。

其他关键作品

AT&T大厦，菲利普·约翰逊（Philip Johnson）、约翰·布尔吉（John Burgee），1980—1984年，美国，纽约

休曼那大厦（The Humana Building），迈克尔·格雷夫斯（Michael Graves），1982—1985年，美国，路易斯维尔

太平洋设计中心，西萨·佩里（Cesar Pelli），1975年，美国，洛杉矶

窗 第167页 **混凝土** 第201页 **玻璃** 第206页 **钢** 第209页

维特拉消防站

扎哈·哈迪德

德国，魏尔－阿姆－莱因

1989
—
1993

维特拉消防站是伊拉克籍英国建筑师扎哈·哈迪德（Zaha Hadid，1950—2016年）的第一个国际性设计作品。该建筑展示了她用几何造型的组合来创造活力感的能力。

维特拉园区是一个由工厂、展厅和设计博物馆组成的大型综合性建筑。1981年，一场大火摧毁了大部分建筑。之后，许多著名建筑师受邀参与。这个计划中包括要建造一个消防站，以减少类似灾难的风险。在这个项目中，哈迪德设计了一系列在中心会聚的倾斜的尖角翼形，创造了一个类似飞鸟的形态结构。

这座建筑物是在施工现场用混凝土浇铸而成。然而，由于政府对工业消防的要求发生了变化，它最终没有成为一个消防站，而是变成了一个展览空间。总的来说，这座建筑又长又窄，没有直角，外墙看起来平整光滑，但内部有钢支柱，以及倾斜或重叠的结构。哈迪德强调空间形态的纯粹、简单，没有额外的装饰或色彩，甚至窗户都是无框的，舍弃包层的屋顶。相互交错的斜角平顶传达了一种运动感，当从不同的角度观察时，整座建筑像是发生了巨大的变化，似乎墙壁在空间中游弋。

扎哈·哈迪德

作为第一位获得普利茨克奖的女建筑师，扎哈·哈迪德以其激进的解构主义设计赢得了许多奖项。她的设计往往以相互穿插的空间形态和动感形式为特点。扎哈在贝鲁特和伦敦学习建筑，并于1980年在伦敦开始了自己的建筑实践。她的作品不断地用新的空间概念突破建筑和城市设计的界限。

其他关键作品

阿利耶夫文化中心，扎哈·哈迪德，2007—2012 年，阿塞拜疆，巴库

马克西博物馆，扎哈·哈迪德，1998—2010 年，意大利，罗马

伦敦水上运动中心，扎哈·哈迪德，2008—2011 年，英国，伦敦

窗 第167页 柱 第177页 混凝土 第201页 玻璃 第206页 钢 第209页

森山邸

西泽立卫

日本，东京

西泽立卫

1997 年，西泽立卫（Ryue Nishizawa）在东京成立了自己的设计公司，两年前，他已经与妹岛和世（Kazuyo Sejima, 1956— 年）共同创立了 SANAA（Sejima 和 Nishizawa 及其合伙人）设计事务所。2010 年他们获得了普利兹克奖。二人合作研发了许多创新项目，为城市生活提供众多居住方案。西泽立卫还兼任多所大学的建筑学教授。

　　森山邸是用一组白色混凝土单体结构建造而成的，意在挑战传统的家庭住宅建筑方案的固有模式。

　　森山邸是一个实验性的住宅项目，位于东京郊区，由日本建筑师西泽立卫（Ryue Nishizawa, 1966— 年）设计。它由 10 个白色的立方体单元以不规则的方式堆叠而成，在一层到三层之间形成内部空间组合，既有六个租户和业主共享的公共空间，又有强调公共空间和私人空间之间关系的私密空间。业主使用的 4 个室内单元包括卧室、客厅、餐厅、浴室和一个封闭的阳台。

　　为了扩大空间利用率，装配式建筑所用的特制承重墙非常薄，只有 6 厘米厚，用钢板加固，便于构建大窗户，并最大限度地扩大内部空间。因为建筑物周围没有设定物理屏障来区分建筑界限，所以玻璃走廊就成为建筑区域与外部空间的过渡。每个"单体"至少包含一个大窗户，但由于独特的排列方式，没有窗口与其他空间相对，确保了私密性，单元之间和单元周围的空间既独立又相互联系。森山邸设有小巷和庭院，类似于城市化的微缩景观。

其他关键作品
富纳巴斯公寓楼，西泽立卫，2002—2004 年，日本，千叶市
丰岛美术馆，西泽立卫，2010 年，日本，香川县

窗 第167页 顶 第168页 穹顶 第175页 混凝土 第201页 玻璃 第206页 钢 第209页

垂直森林

斯特凡诺·博埃里建筑事务所

意大利，米兰

2009
2014

意大利米兰商业区的两座住宅楼是"垂直森林"（ Vertical Forest，或称 Bosco Verticale ）的第一个设计案例。

两座塔楼的最高点有 111 米，共 26 层，较矮的楼高度有 76 米，共 18 层。两座塔楼的露台上有 480 株大中乔木、300 株小树、11000 株多年生覆盖植物和 5000 株灌木。该建筑由意大利建筑师斯特凡诺·博埃里（ Stefano Boeri，1956— 年）、贾南德拉·巴雷卡（ Gianandrea Barreca，1969— 年）和斯特凡诺·博埃里建筑事务所（ Stefano Boeri Architetti ）的乔瓦尼·拉瓦拉（ Giovanni La Varra，1967— 年）以及园艺家和植物学家共同设计，旨在减少城市建成区的烟雾、吸收二氧化碳和产生氧气。这是一个旨在增加生物多样性和促进城市生态系统的建筑概念，而这些植物大约会吸引 1600 只鸟和蝴蝶在此栖息。

垂直森林可以通过高效和经济的方式改善米兰的空气质量，被看作引领建筑设计向前迈出的重要一步。这些植物在夏季和冬季通过遮阳和阻挡强风来调节建筑物内部的温度。它们还能保护室内空间免受噪声污染和街道交通带来的灰尘，而且建筑内部所需能源可以自给自足，如使用来自太阳能电池板储存的可再生能源，使用生活废水浇灌植被。

其他关键作品

贝丁顿零能源开发公司（ BedZED ），比尔·邓斯特（ Bill Dunster ），2000—2002 年，英国，伦敦

中央花园（ One Central Park ），诺曼·福斯特、让·努维尔（ Jean Nouvel ）和 PTW 建筑设计事务所（ PTW Architects ），2012—2013 年，澳大利亚，悉尼

绿河（ 韦尔迪河，Via Verde ），费尔南多·奥尔蒂斯·莫纳西奥（ Fernando Ortiz Monasterio ）和路易斯·杰拉多·门德斯（ Luis Gerardo Mendez ），2016 年，墨西哥，墨西哥城区

可持续主义风格 第50页

易北爱乐音乐厅

2016
—
2017

赫尔佐格和德梅隆建筑事务所

德国，汉堡

易北爱乐音乐厅（Elbphilharmonie）建在一个砖结构旧仓库之上，它的建筑类似一个古希腊剧场的松散的圆形表演空间。建筑似乎从地面穿凿而出，将周围环境与建筑融为一体。

在易北河的河岸上，易北爱乐音乐厅由大约1700根钢筋混凝土桩支撑，在其底部保留了1966年废弃仓库的正面。建筑上半部分是玻璃幕墙，由大约1000个弯曲的玻璃窗组成，顶部是波浪形屋顶。建筑的整体外观像升起的船帆、波浪或巨大的水晶。建筑由赫尔佐格和德梅隆建筑事务所（Herzog&de Meuron）设计完成，是一个文化和住宅建筑综合体，高108米，是汉堡最高的人居建筑。

该建筑整体共有26层，底部的8层位于砖砌立面内部。东面正门的弧形自动扶梯将一楼与砖砌部分顶部的观景广场相连，可360度欣赏汉堡和易北河景观。在大楼的玻璃层区域内，有三个音乐会场地：可容纳2100名观众的大音乐厅，可容纳550名观众的独奏厅，以及可容纳170名观众的演播室。玻璃外墙映衬了天空、河流和城市的倒影，并与底部的原有仓库部分在造型和外观上形成对比。

赫尔佐格和德梅隆建筑事务所

雅克·赫尔佐格（Jacques Herzog，1950— 年）和皮埃尔·德梅隆（Pierre de Meuron，1950— 年）是瑞士赫尔佐格和德梅隆建筑事务所（Herzog&de Meuron）的创始人，并由此开启了高级合伙人的职业生涯。两人都曾就读于苏黎世的瑞士联邦理工学院（Swiss Federal Institute of Technology），并在其间创作了具有开创性的建筑设计作品并获奖，其中包括备受赞誉的由伦敦班克斯德发电站（Bankslde Power Station）改建的泰特现代美术馆（Tate modern）。

其他关键作品

泰特现代美术馆（Tate modern），赫尔佐格和德梅隆建筑事务所，1997—2000年，英国，伦敦

论坛大厦（Forum Building），赫尔佐格和德梅隆建筑事务所，2002—2004年，西班牙，巴塞罗那

邦德街40号，赫尔佐格和德梅隆，2006—2007年，美国，纽约

元素

墙

主要建筑师：约翰·纳什 / 奥斯曼男爵 / 查尔斯·巴里 / 埃德温·卢顿（Edwin Lutyens）/ 埃罗·沙里宁 / 埃利尔·沙里宁

　　墙是用于分隔或包围空间或建筑的结构元素之一。墙壁可以是承重或非承重的，并且还有众多其他的实用功能。

　　不同类型的墙包括承重墙、中空墙、幕墙和隔墙。中空墙有两段砖石结构，中间留有空间用于隔热和防水；幕墙可以是中世纪城堡周围的加固墙，也可以是用于封闭建筑物但不需要屋顶承重的外墙。自20世纪末以来，绿墙（Green Wall）变得越来越普遍，在墙体种植各种植被，以帮助创造绿色环境、改善空气质量。

　　最早的墙壁是用藤条和灰泥、石头或砖砌成的，但现代主义创造出钢筋混凝土、钢或玻璃幕墙的新形式并得到普遍使用。虽然大多数砖墙和石墙通常使用某种混凝土或砂浆将它们固定在一起，但干石墙却有着独特的构造，用精心挑选的互为卡扣的石材砌成。

重点提示

芬兰首都赫尔辛基中央车站由埃利尔·沙里宁（Eliel Saarinen，1873—1950年）设计。它于1919年投入使用，沿袭了芬兰的工艺美术风格，由厚厚的砖砌成的气势恢宏的外墙覆盖着粉灰色的芬兰花岗岩，里面的一面墙上有一个仿罗马式的大门，另一面墙上则有半圆形的窗户。

赫尔辛基中央车站，埃利尔·沙里宁，1914—1919年，芬兰，赫尔辛基

天花板

主要建筑师：多米尼库斯·齐默尔曼 / 伊尼戈·琼斯 / 朱尔斯·哈杜因·曼萨特 / 埃罗·沙里宁 / 埃利尔·沙里宁 / 坂茂

舍琴伊温泉浴场（Széchenyi Thermal Bath）吉厄斯·齐格勒（Gyözö Czigler，1909—19013年），匈牙利，布达佩斯

　　天花板覆盖在屋顶梁的下面，或在上层地板的搁栅下面，有助于分隔空间，并且有隔音作用。

　　天花板可以由许多不同的材料制成，但木材和灰泥是最常见的。它们可以是素色的，也可以用绘画、雕刻或其他装饰物进行修饰，天花板和墙壁之间的连接处可以用模压灰泥或雕刻飞檐进行装饰或隐藏。许多中世纪的大教堂都有拱形的天花板，有些天花板会与暴露在外的横梁结合。

　　在古罗马和文艺复兴时期的建筑中，带有凹形图案的格子天花板很常见。文艺复兴时期的格子天花板造型多样，边缘有丰富的雕刻。在哥特式时期，梁等结构构件经常被粉刷。在巴洛克和洛可可时期，天花板上也有华丽的彩绘浮雕、涡卷形装饰和花环纹饰。

　　吊顶（dropped 或 false ceilings）是天花板的装饰物。然而，一些高技派风格的建筑故意将建筑物的结构和机械部件暴露在天花板表面。

重点提示

布达佩斯的舍琴伊温泉浴池（Széchenyi Thermal Bath）是在新巴洛克风格和新文艺复兴风格的混搭风格基础上建造的，其设计灵感来自设计师哥兹格勒（Gyözö Czigler，1850—1905 年）。这是欧洲最大的药浴浴池，由两个温泉供水。其天花板上的装饰非常华丽，既有关于水的隐喻纹饰，也有关于水神和女神的寓言故事。

门

主要建筑师：蒯祥 / 尚·德·谢耶 / 皮耶·德·蒙特厄依 / 威廉·范·阿伦 / 洛伦佐·吉贝尔蒂

重点提示

除了提供入口和出口，门还有保护建筑物的作用，并向来访者表示欢迎或警告。在摩洛哥的非斯古城，宏伟的非斯皇宫（royal palace of Dar al-Makhzen）外的黄铜门上装饰着泽利格瓷砖和雪松木的雕刻，以抵御外部危险，保护宫内的人。

随着时间的流逝，门的造型、材料和构造都发生了巨大的变化，以充分发挥阻止或允许进入内部空间的作用。

我们可以根据门的样式来确定建筑物建造的年代。大多数古代建筑的门都是用木头做的，如《圣经》中所描述的所罗门王庙的门，是用橄榄木做的，上面有金的雕刻。古埃及陵墓中未经修饰的石门或木门被视为通往来世的道路，古希腊和古罗马的门常常是朴素的，矗立在宏伟的门廊后面。

拱形门廊在早期基督教建筑中很常见，尖拱造型在伊斯兰和哥特式建筑中得到不断的演变。中世纪的城堡通常用铁闸门（portcullises）——一种用金属加固的大型木制升降闸门，加以保护。另一种格子型的门是日式的滑门，障子——木质框架上裱有半透明的和纸。从文艺复兴时期到19世纪末，门经常是沉重的，并用线脚和华丽的浮雕来装饰，以彰显华丽与宏伟。整体而言，在整个20世纪，简约风格的门占主导地位。

非斯皇宫（Dar al Makhzen），建筑师不详，13世纪，摩洛哥，非斯

窗

主要建筑师：尤金·艾曼努尔·维奥莱－勒－迪克 / 卡尔·弗里德里希·辛克尔 / 菲利普·约翰逊 / 黑川纪章

阿尔罕布拉宫，1238—1358 年，建筑师不详，西班牙，格拉纳达

重点提示

在众多窗的样式中，最常见的两种是垂直滑动的窗扇和侧开窗。在文艺复兴时期，法国生产了许多平开窗，因此这种窗的形式被贴上了法式窗户的标签。大型建筑项目通常会综合使用各种形式的窗。例如，阿尔罕布拉宫的姊妹厅有一个双拱形的格子窗。

窗通常作为建筑装饰的一部分，用于采光和通风。

在古代的中国、韩国和日本，纸常被用作窗户玻璃的替代品，因为玻璃直到罗马时代才出现。早期的基督教和拜占庭式教堂、伊斯兰清真寺的玻璃窗用大理石或水泥围合，而哥特式建筑的建造者引进了用铅来固定的花窗玻璃。到了 17 世纪，玻璃窗才在建筑中被普遍使用。当时建筑中的窗户通常是由小窗格组成，这些小玻璃被固定在木框架中，通常含有气泡、弯曲的波纹和变形的情况，但是在 19 世纪，这些工艺缺陷基本上都改善了。

20 世纪末，安全玻璃发展使落地玻璃窗成为可能。这在现代主义办公大楼中被广泛使用，还制造了双层玻璃和三层玻璃窗，并用多层玻璃作为隔热材料。国际风格的建筑以无装饰的、钢框架的、强调水平线对齐的窗为特色，通常采用带状窗的形式，在建筑物的各个角落都包含直角元素。

顶

主要建筑师：弗朗索瓦·芒萨尔 / 安东尼奥·高迪 / 夏洛特·佩里安 / 约恩·乌松 / 弗雷·奥托

巴特罗之家，安东尼奥·高迪（Antoni Gaudí），西班牙，巴塞罗那，1904—1906 年

与其他建筑元素一样，我们可以通过屋顶来判断建筑的建造年代。例如，在中世纪、法国文艺复兴时期、工艺美术时期和哥特式复兴时期，人们通常建造陡坡屋顶，而平屋顶则在具有现代主义、荷兰风格派（De Stijl）、包豪斯和国际风格的建筑中较为常见。

坡屋顶和三角楣饰（又称山花）是古希腊神庙的典型屋顶形式，而锤梁屋顶是欧洲哥特式时期的一个特征。文艺复兴时期，多种山墙在低地国家（Low Countries，旧时用语，包括荷兰、比利时和卢森堡）流行起来；而在罗马，马蹄形屋顶更受欢迎。孟莎式屋顶，由法国建筑师弗朗索瓦·芒萨尔（François Mansart，1598—1666 年）设计。孟莎式是一种四面的马蹄形屋顶，每边有两个几乎垂直的斜坡。

在一些亚洲建筑中，屋顶的颜色往往具有某种象征意义，例如北京故宫的黑色屋顶，就是取黑色主水，以水克火的寓意，以此保佑文渊阁中的珍贵书籍免受火灾之难。它们看起来是平的，但实际上所有的屋顶都有一定的拱度或倾斜度，用于排水。

重点提示

影响屋顶造型的主要因素是当地的气候和可用的材料，但一些建筑师也会运用特别的创意。例如，安东尼奥·高迪（Antoni Gaudí）设计的巴特罗之家的屋顶就酷似一条龙的背脊，而约恩·乌松（Jørn Utzon）设计的悉尼歌剧院（Sydney operate House）的顶部造型则与港口中游艇的风帆遥相呼应。

烟囱

主要建筑师：多梅尼科达·科托纳（Domenico Da Cortona）/ 马修·迪格比·怀亚特 / 鲁道夫·施泰纳（Rudolf Steiner）/ 安东尼奥·高迪

重点提示

大约在 19 世纪末 20 世纪初，烟囱在建筑元素中已经变得更为朴素，但高迪创造了一些奇特的造型，例如巴塞罗那米拉公寓的 28 座烟囱（Casa Milà，见第 36 页），看起来既像是异域雕塑，又具有实际用途。这些烟囱中有些是用来作为烟道的，有些是用于通风。

汉普顿宫，建筑师不详，1515—1694 年，英国，里士满

烟囱首次出现，是在 12 世纪北欧的大型住宅建筑中，但直到大约 400 年后才得以普遍使用。

当第一个家用烟囱建成时，壁炉便从房间的中心移到墙壁上，使烟可以通过烟道从烟囱中排出。烟囱系统建在墙壁上，这样几个壁炉就可以通过同一个烟道排烟，这些烟道通常位于彼此相邻的连续单元内。最早的烟囱出现在大庄园的屋顶上，通常建在外墙，而不是建在建筑内部。

到了 15、16 世纪，在欧洲各地，富人在家中建有华丽的烟囱，并出现了用烟囱来展现他们的财富和威望的一股潮流。例如布里斯托尔的桑伯里城堡（Thornbury Castle，1511—1521 年）的雕饰烟囱和汉普顿宫廷（Hampton Court Palace，1515—1694 年）华丽的红砖烟囱。在 18 世纪末的工业革命之后，高大而轻薄的工业烟囱成为许多城镇的常见景观。这在当时是将工厂的烟雾排放到大气中的主要方法。

文艺复兴风格 第26页 巴洛克风格 第29页 洛可可风格 第30页 新艺术运动风格 第36页 红屋 第116页

阳台

主要建筑师：安布罗吉奥·布翁维奇诺（Ambrogio Buonvicino）/ 卡尔·克伯格（Carl Kihlberg）/ 安东尼奥·高迪 / 保罗·曼德尔斯塔姆

阳台由栏杆或围栏围合，是从一楼以上的建筑物探出的平台。

大多数阳台由托臂或托架支撑，也有阳台使用悬臂支撑。这些支撑物最早用石头或木头制成，随后逐渐变成砖，再后来用铸铁、钢筋混凝土或钢筋玻璃制作。在古典建筑中，带屋顶的嵌入式阳台被称为凉廊（loggia），而内部阳台通常被称为楼座（gallerie）。

在传统上教堂或中世纪大礼堂的楼座是为唱诗班或吟游诗人建造的。在伊斯兰国家，虔诚的信徒在尖塔顶部的阳台上祈祷。在剧院里，内部阳台和包厢都建有倾斜的地面，让观众可以看到舞台。许多公共建筑的正面都有显眼的阳台，供重要人物演讲或举行仪式，如罗马的圣彼得大教堂（见第90页）或伦敦的白金汉宫（1703—1855年）。一些建筑师设计了雕塑般的阳台，比如安东尼奥·高迪设计的，位于巴塞罗那的巴特罗之家的阳台，有类似于头骨的造型。

朱丽叶之家（Casa di Giulietta），建筑师不详，13世纪，意大利，维罗纳

重点提示

在意大利维罗纳有一座13世纪的房子——朱丽叶之家，得名于莎士比亚的爱情故事《罗密欧与朱丽叶》。建筑中著名的阳台是在20世纪30年代末添加的，由当地一家博物馆提供的阳台组件，以利用好莱坞改编的电影引起的游客参观的兴趣。然而实际上，剧作中朱丽叶阳台通常是指没有平台、只有栏杆或围栏的浅阳台。

拱廊

主要建筑师：乔万尼·邦（Giovanni Bon）/ 巴特鲁姆·邦（Bartolomeo Bon）/ 吉安·洛伦佐·贝尼尼 / 本杰明·亨利·拉特罗布 / 托马斯·杰斐逊

拱廊由柱或墩支撑的一系列拱门组成，有封闭或开放的廊道，拱廊最初由古罗马人建造。

古罗马人建造的渡槽是最早的拱廊雏形。后来，古罗马人建造了大型拱廊墙，如斗兽场的拱廊墙，三层楼各有 80 个拱廊开口。拱廊也出现在拜占庭式和伊斯兰式建筑中。在哥特式和巴洛克式教堂中，拱廊底部被分成一个大型连拱廊，上面还会有小的拱廊造型装饰。

古罗马人开创了把拱廊作为有顶盖的步道的先河。中世纪的回廊也是用拱廊建造的，大多数伊斯兰清真寺都有拱廊庭院。在文艺复兴时期和巴洛克时期的城镇，如博洛尼亚、帕多瓦、威尼斯和都灵的主要街道和广场上都有拱廊。后来作为封闭的购物区使用。

半封闭的拱廊叠加在坚实的墙壁外，是罗马式建筑的一个特点。柱廊与拱廊相似，即按一定间距排列柱子，并由柱楣连接，如：古希腊神庙或吴哥窟的柱廊平台上的建筑形式。

重点提示

拱廊或柱廊是许多威尼斯宫殿的建筑特色，比如，金屋（Palazzo Ca d'Oro，1428—1430 年）和威尼斯总督府。建筑一楼柱廊的顶部叠加第二层柱廊，形成了一个开放的凉廊。其弧形尖顶拱门的柱头装饰有狗、狮子、鸟的动物造型和莨苕纹饰。

威尼斯总督府，菲利波·格利达里奥（Filippo Calendario）、安东尼奥·里佐（Antonio Rizzo）、安东尼奥·达蓬特（Antonio da Ponte）和安德烈亚·帕拉第奥（Andrea Palladio），1340—1580 年，意大利，威尼斯

穹顶

主要建筑师：菲利波·布鲁内莱斯基 / 弗朗切斯科·博罗米尼 / 瓜里诺·瓜里尼 / 托马斯·乌斯蒂克·瓦尔特 / 巴克敏斯特·富勒

穹顶是由拱门演变而来的半球形结构，最早出现在中东、印度和地中海地区。

圆形屋顶的建造实例最早是用于小型建筑和坟墓。古罗马人率先建造了穹顶建筑形式，比如万神殿的屋顶。圆顶在早期基督教和拜占庭建筑中成为很重要的建筑元素，拜占庭建筑师发明了帆拱，当圆顶建在方形基础上时，便用这种结构提供支撑。它们在文艺复兴和巴洛克时期被广泛使用。当时的建筑师还探索了一系列不同的穹顶形式，如椭圆形和洋葱形，后者通常更高挑，并在俄罗斯被用作教堂建筑的穹顶，例如莫斯科的圣巴西勒大教堂（见第 94 页）。这种形式也出现在奥地利、捷克、印度莫卧儿王朝、中东和中亚等地区。

后来，穹顶逐渐被人们遗忘，在新古典主义时期重新兴起。从 20 世纪末开始，一些建筑师开始探索不寻常的穹顶材料，如塑料或玻璃纤维，以及全新的用途，如竞技场或英国伊甸园项目（Eden Project, 1998—2001 年）的"生物群落"（'biomes'，见第 211 页）。巴克敏斯特·富勒（Buckminster Fuller）的短程线穹顶（Geodesic domes，见第 45 页）是唯一可以作为独立结构直接设置在地面上的大型穹顶建筑。

重点提示

1418 年，佛罗伦萨举行了一场比赛，为这座直径 46 米的大教堂设计穹顶。菲利波·布鲁内莱斯基（Filippo Brunelleschi）的方案胜出，并在没有扶壁和脚手架等支持物的情况下建造了一个八角形穹顶。八角形穹顶内部建造了半球形砖砌穹顶。

圣母百花大教堂（Santa Maria del Fiore），菲利波·布鲁内莱斯基（Filippo Brunelleschi），1294—1436 年，意大利，佛罗伦萨

古罗马风格 第16页 拜占庭风格 第17页 文艺复兴风格 第26页 新古典主义风格 第31页 万神殿 第60页
圣索菲亚大教堂 第62页 穹顶清真寺 第68页 圣母百花大教堂 第82页 圣彼得大教堂 第90页

拱门

主要建筑师：埃德温·卢顿 / 查尔斯·吉拉特（Charles Girault）/ 约翰·奥托·冯·施普雷克尔森（Johan Otto Von Spreckelsen）/ 埃罗·沙里宁

古罗马人常用圆拱来支撑和延长拱门，可见于古罗马帝国的高架桥、渡槽、拱顶和凯旋门等建筑形式。

拱门是由每一块石头自身的重量和相互之间形成的推力而固定的建筑形式。最早的例子可以追溯到公元前 2000 年美索不达米亚（Mesopotamia）地区。弧形拱门由楔形石块组成，称为楔形拱石，对石材精确地切割使每一块石头都彼此紧紧叠压，并固定到位。中央的楔型拱石称为拱顶石（keystone），尖拱则没有拱心石。

马蹄形拱门，也称为摩尔式拱门或锁孔拱门，最早由西哥特人在 7 世纪使用。位于西班牙科尔多瓦的大清真寺（the Great Mosque，784—987 年）就有许多这样的拱门（见第 22 页）。这种风格的拱门在当时是流行于北非的建筑元素，后来又成为欧洲哥特式建筑的流行元素。除了尖拱之外，哥特式风格的另一个特征是曲线形的尖肋拱顶，略显浮夸。

重点提示

许多纪念碑是用拱门形式建造的，例如古罗马的君士坦丁拱门（Constantine in Rome，315 年）。巴黎的拉德芬斯大拱门（La Grande Arche de la Défense），最初被称为新凯旋门（La Grande Arche de la Fraternité），由玻璃、混凝土和大理石制成，由建筑师约翰·奥托·冯·施普雷克尔森（1929—1987 年）和工程师埃里克·雷泽尔（Erik Reitzel，1941—2012 年）共同设计，作为人道主义理想的纪念碑。

拉德芬斯大拱门（La Grande Arche de la Défense），约翰·奥托·冯·施普雷克尔森，1985—1989 年，法国，巴黎

塔

主要建筑师：乔托·迪·邦多纳 / 古斯塔夫·埃菲尔 / 安东尼奥·高迪 / 威廉·兰姆 / 圣地亚哥·卡拉特拉瓦

比萨斜塔，迪奥蒂萨尔维（Diotisalvi）和安德烈亚·皮萨诺（Andrea Pisano），1173—1372 年，意大利，比萨

无论是埃菲尔铁塔（Eiffel）还是比萨斜塔（Pisa），塔都是高度大于宽度的建筑。

塔常常被认为是权力的象征，从远处看比较醒目，传统上通常建于城堡和礼拜场所之上。它们节省空间，便于瞭望，相对于低矮、宽大的建筑物更有利于防御，可以在很远的距离发现并击退敌人。在中世纪和文艺复兴时期，教堂和清真寺上的塔楼，以及尖顶主宰着城市的天际线，从 20 世纪初开始，摩天大楼才逐渐取而代之。

巴黎埃菲尔铁塔（见 208 页）建于1889 年，高约 300 米，证明金属框架可以支撑非常高的建筑结构。42 年后，纽约帝国大厦（见 44 页）的高度已经可以达到443 米。建筑顶端的桅杆原本是作为热气球飞艇的停靠站而建。

重点提示

作为基督教的一个重要建筑元素，人们通常会在高塔上放置巨钟，以召唤朝圣者或庆祝节日。有些塔与教堂相连，有些塔则是独立的，例如比萨大教堂的钟楼，由于地基基础是松软的泥土，在建造过程中便逐步开始倾斜，被称为比萨斜塔。

庭院

主要建筑师：米开罗佐 / 安德烈亚·帕拉第奥 / 罗伯特·亚当 / 弗兰克·劳埃德·赖特 / 东海林健

　　几千年来，由建筑物或墙壁围成的无顶盖半封闭空间是庭院的基本特征。

　　虽然许多国家有建造庭院的传统，但是用途不同、形状各异，常见的包括正方形、长方形和圆形。最早的庭院形式建于公元前 3000 年左右，分布在伊朗、印度和中国。庭院形式在气候温和、舒爽的地区十分受欢迎，因为它们可以提供新鲜空气，光线好且私密性强，令人心情舒畅。在中东和西班牙的伊斯兰和摩尔建筑通常将庭院作为宫殿或其他宏伟建筑的中心区域，为人们提供宁静的私密空间。

　　庭院的建筑元素包括中央喷泉、树木，周围还有拱门或拱廊。在一些伊斯兰文化建筑中，这样的庭院提供了唯一的户外空间，妇女可以在那里放松休憩并享有私密性。中国传统的庭院通常是由周围独立的房屋围合而成的空地。同样是私密、宁静的空间，通常会包含花园和水景。

重点提示

阿尔卡扎尔宫（Alcatraz）是穆迪哈尔式建筑风格（Mudéjar architecture）的一个壮观的范例。作为一座皇宫建筑，主要为卡斯蒂利亚和莱昂的基督教国王建造。它的少女庭院（Patio de las Doncellas）是根据摩尔人每年向伊比利亚的基督教王国索要 100 个处女的传说命名的。其中间是一个巨大的长方形水池，周围是下沉式花园。

阿尔卡扎尔宫的少女庭院（Courtyard of the Maidens），（底层建筑）建筑师未知、（高层建筑）路易斯·德维加（Luis de Vega），约 1364—1572 年，西班牙，塞维利亚

楼梯

主要建筑师：多纳托·布拉曼特 / 米开朗基罗 / 小安东尼奥·达·圣加洛 / 路易吉·凡维特尔（Luigi Vanvitelli）/ 朱塞佩·莫莫（Giuseppe Momo）/ 赫尔佐格和德梅隆

楼梯早已出现在众多古老的建筑作品中，例如约建于公元前 1500 年的古希腊克里特岛的克诺索斯宫殿（Palace at Knossos）。楼梯的特征可以帮助人们确定建筑物的修建年代。

古罗马人最初建造了被墙壁包围的螺旋楼梯和筒形拱顶内的楼梯。许多中世纪的城堡都是围绕狭窄的塔楼中央的柱子或承重柱建造螺旋形楼梯。它们以顺时针方向旋转，方便惯用右手的防御者持剑进行更大范围的移动，并限制右手攻击者的行动。

1524 年，米开朗基罗在佛罗伦萨劳伦斯图书馆（Florentine Laurentian Library，1525—1521 年）设计了宽敞的室内楼梯，激发了众多后续设计师的设计灵感。从此，华丽的楼梯成为了大巴洛克建筑的一个关键特征。传统上，楼梯是用木头、石头或大理石建造的，但是在 19 世纪末，

钢和钢筋混凝土的大量使用让更多不同的楼梯结构成为可能。现代社会中楼梯的造型多种多样，不乏很独特的作品，如伦敦塔桥大厦（Tower Bridge House）的楼梯，由理查德·罗杰斯事务所（Richard Rogers Partnership）于 2006 年建造，慕尼黑的双螺旋雕塑作品《迂回》（*Umschreibung*），由艺术家奥拉维尔·埃利亚松（Olafur Eliasson，1967—　　年）于 2004 年建造。

> **重点提示**
>
> 双螺旋楼梯由两个螺旋楼梯交叉组成，起源于文艺复兴时期。法国尚博尔城堡（Château de Chambord，1519—1547 年）就有一组壮观的双螺旋楼梯，人们推测是达·芬奇（Leonardo da Vinci，1452—1519 年）的作品。1505 年，多纳托·布拉曼特（Donato Bramante）在罗马的贝尔维德雷宫（Belvedere Palace）设计了另一条螺旋楼梯，启发了小安东尼奥·达·圣加洛（Antonio da Sangallo）于 1527 年设计了奥维多（Orvieto）的圣帕特里克井（Saint Patrick's Well）。

布拉曼特楼梯，多纳托·布拉曼特（Donato Bramante），1505 年，贝尔维德皇宫，意大利，罗马

柱

主要建筑师：维特鲁威乌斯 / 安德烈亚·帕拉第奥 / 约翰·亚当斯 / 托马斯·杰斐逊 / 詹姆斯·霍班

柱是由柱座、柱身和顶部柱头组成的立柱，具有装饰性、功能性或两者兼而有之。

柱在建筑中通常用来支撑屋顶、过梁或横梁等结构，古罗马人偶尔也将单独的一根柱子用于纪念柱的做法。大多数柱子是由石头制成的，通常是用灰浆将多个部分固定在一起，或者通过一个中心孔钉在一起。类似于圆柱的木质或金属支撑物，通常被称为立柱或墩。

柱座和柱头有助于分散柱身的荷载。大多数古典柱子都有卷杀（entasis），即柱身中间略微的凸起，向两端收窄，使柱体看起来更高耸、更挺拔。古希腊和古罗马圆柱遵循多立克（Doric）、爱奥尼亚（Ionic）和科林斯（Corinthian）三个柱式，罗马人在建筑设计中又增加了两种柱式：塔司干柱式（Tuscan）和复合（Composite）柱式。塔司干柱式是所有柱式中最朴素的，而复合柱式既有爱奥尼柱涡卷（Ionic volutes）又有科林斯柱式的莨苕装饰。

重点提示

白宫是美国总统的官邸和工作场所，最初由詹姆斯·霍班（James Hoban）于 1792 年设计。19 世纪 20 年代，霍班与本杰明·亨利·拉特罗布（Benjamin Henry Latrobe）共同设计了新古典主义风格的建筑方案，为南北立面增加了两个门廊，两侧有纤细的白色支柱，既优雅又充满力量。

白宫（White House），詹姆斯·霍班（James Hoban），托马斯·杰斐逊（Thomas Jefferson）和本杰明·亨利·拉特罗布（Benjamin Henry Latrobe），1792—1829 年，美国，华盛顿特区

扶壁

主要建筑师：让·欧尔贝（Jean d'Orbais）/ 威廉·乔伊

扶壁是建筑物的外部支撑，通常由砖石制成，从墙壁伸出并加固建筑。

美索不达米亚的神庙，以及古罗马和拜占庭的建筑通常用简单的垂直壁柱或墩柱加固，起到增厚墙壁来加固建筑的某些薄弱部分的作用。随着飞扶壁的发展，它更多地应用于哥特式建筑中。弯曲的柱墩，在脆弱的地方通过拱廊与墙壁相连。它们延伸或"飞"到墙外的地面，足以支撑强大的压力，因此这种建筑结构能够建造巨大的教堂，使室内挑高更高、墙壁更薄、窗户更大。支撑穹顶所需的重石结构对这些建筑物的墙壁施加了巨大的、向外的压力，飞扶壁结构则抵消了这种压力。它们从墙的顶部开始，在那里用十字拱顶支撑屋顶的重量，并分散重量，最终将重量从石柱传递到地面。悬式扶壁（Hanging buttresses）是通过梁托或称牛腿（corbels）与墙体连接的独立支撑墩（piers），角隅扶壁（corner buttresses）用于支撑贯穿的墙体。

重点提示

飞扶壁为许多哥特式大教堂带来了奢华的外观。巴黎圣母院的飞扶壁（约1163—1345年）厚重而富有戏剧性；亚眠教堂（1220—1270年）和坎珀大教堂的飞扶壁则更为精致。建筑师使用飞扶壁，便可以扩大窗户的面积，使建筑物看起来更轻盈，更接近天堂。

坎珀大教堂（Quimper Cathedral），建筑师不详，1239—1493年，法国，布列塔尼

古罗马风格 第16页 拜占庭风格 第17页 哥特式风格 第25页 文艺复兴风格 第26页 沙特尔大教堂 第78页

山墙

主要建筑师：乔治·吉尔伯特·斯科特 / 菲利普·韦伯 / J. J. 史蒂文森（John James Stevenson）/ C.F.A. 沃塞

山墙是建筑物屋顶两端之间暴露出的三角形墙面。

在古希腊的庙宇建筑中的山墙多为三角形山墙。前山墙是建筑物正面的山墙，而侧山墙则位于建筑物的侧面，有交叉山墙的建筑则在正面和侧面都有山墙结构。老虎窗是设置在屋顶上的天窗。沿着屋顶周围建造的矮墙称为女儿墙（parapets）。

北欧和西欧的建筑常出现陡峭的坡屋顶，因此往往用阶梯形或弯曲的造型来装饰。例如在安特卫普、图宾根、阿姆斯特丹和塔林等城市，常见"乌鸦式"山墙（crow stepped），也被称为"科比阶梯式"山墙（corbie step），以阶梯式排列。山墙一直是东亚传统建筑的重要特征，并常用凸出的屋顶瓦、雕像和雕刻来装饰。陡峭的山墙常见于都铎王朝和哥特式时期的英国和 19 世纪的美国。后来，美国哥特式风格（Carpenter Gothic style）使哥特式复兴的元素得以发展，特别是尖顶拱门和屋顶，创造出高山墙的建筑元素。

重点提示

荷兰阿姆斯特丹的中世纪晚期城镇房屋是最早、最精致的山墙式建筑。荷兰式或弗拉芒式山墙通常有弯曲的造型。这种风格最早出现在文艺复兴时期，一直延续到巴洛克时期，并传播到欧洲以外的国家，甚至流传到了巴巴多斯和南非。

山墙式住宅，建筑师不详，约 17—18 世纪，荷兰，阿姆斯特丹

中庭

主要建筑师：乔治·切丹 / 费迪南德·查努特 / 查尔斯·巴里 / 萨姆纳·亨特（Sumner Hunt）/ 汤姆·赖特

重点提示

如今，中庭（atrium）这个词一般指在几层楼高的建筑中打造的有自然采光的中央庭院，穿过几层楼的高楼，每层都有开放画廊和房间。在 1907 年至 1912 年间由乔治·切丹（Georges Chedanne，1861—1940）和费迪南德·查努特（Ferdinand Chanut，1872—1948年）进行翻修的巴黎老佛爷百货公司（Georges Lafayette），创造了一个巨大的新艺术风格玻璃和钢制成的圆顶中庭。

老佛爷百货公司（Georges Lafayette），乔治·切丹和费迪南德·查努特，1907—1912 年，法国，巴黎

中庭是一个由墙壁或房间包围的大空间，有时会有向天空开放的顶部，但通常有玻璃覆盖。

早期的中庭在古罗马建筑中很常见，尤其是在大房子或别墅中，它们位于中心位置，通常是一个与自然环境互通的对天空开放的空间，但四周都是封闭的房间。一般中庭的中央有一个浅水池，坐落在中庭开口的正下方，用来收集雨水。罗马中庭通常是这座建筑物里装修最豪华的部分，常设有小礼拜堂（lararium）和家用保险库（arca），有时还会有一尊房子主人的半身塑像。

罗马圣彼得大教堂的西门前有一座大型有顶中庭，四周有柱廊，由卡洛·马代尔诺（Carlo Maderno）设计。玻璃覆盖的中庭在 19 世纪末 20 世纪初变得越来越流行。因为可以看到外面的天空，自然光和空间的变化传递出一种空间感和活力。

线脚

主要建筑师：吉安·洛伦佐·贝尼尼 / 克里斯托弗·雷恩 / 巴尔达萨尔·隆赫纳 / 多米尼库斯·齐默尔曼 / 约翰·巴普蒂斯特·齐默尔曼

重点提示

许多建筑作品以其华丽的造型而闻名，尤其是文艺复兴时期、巴洛克时期和洛可可时期的宫殿和教堂建筑。例如，巴伐利亚洛可可教堂（Rococo Wieskirche）的精致天花板以及伦敦圣保罗大教堂（Saint Paul's Cathedral）的内部装潢。在这两座建筑中，拱门、墙壁和天花板都采用了复杂的造型装饰，通常还会使用黄金镶嵌。

圣彼得和圣保罗教堂（Saint Peter and Saint Paul's Church），扬·扎尔（Jan Zaor）和乔瓦尼·巴蒂斯塔·弗雷迪亚尼（Giovanni Battista Frediani），1701 年，立陶宛，维尔纽斯

在众多国家、众多类型的建筑中，都使用了连续的、通常是三维的装饰带、装饰条。

按照传统，线脚常用来表现空间细节的重要性和优雅，保护接缝或用于加固、掩饰或装饰某些建筑元素。经常用于修饰空间转折的边缘或覆盖曲面之间的节点。线脚通常由木头、灰泥或水泥制成，或在古希腊和古罗马建筑中用大理石等其他石材。线脚可以是朴素的，也可以雕刻各种图案，例如缆扣图案（cable patterns），类似于绞绳纹饰；珠链饰（bead-and-reel），

看起来像一串珠子；卵箭饰（egg and dant），类似于一排有卵形点缀的飞镖图形。古埃及人则常用两种造型：凹弧形（cavetto，一种深深向内弯曲的形状，是寺庙、神殿的装饰元素）和座盘饰（torus，一种凸起的半圆形隆起装饰造型，置于额枋上方）。

希腊人最早在建筑中使用了线脚的装饰，自那时起，大多数建筑风格都融入了线脚装饰，但是在国际风格、高技派或极简主义建筑的极简美学中通常不存在使用这种装饰形式的可能性。

中殿

主要建筑师：卡洛·马代尔诺 / 吉安·洛伦佐·贝尼尼 / 弗朗切斯科·博罗米尼 / 克里斯托弗·雷恩 / 安东尼奥·高迪

圣家族大教堂，安东尼奥·高迪，1881 年，西班牙，巴塞罗那

中殿是教堂的主体，由早期的基督教建筑的建设者从罗马大教堂的形式演变而来，是聚众集会的空间。

依据传统，礼拜堂和大教堂是由东向西建造的，中殿位于西侧。东区通常是举行仪式的地方，是留给神职人员使用的。中殿这个词来源于拉丁语"navis"，意思是"船"，因为在中世纪，人们认为中殿是一个颠倒的船底造型。

古罗马建筑中的中殿最初是用于商业和法律交易的公共空间，它们为早期的基督教教堂提供了理想的模式，因为这些教堂也需要大型的中心区域，朝圣者可以在此会面、互通消息。中殿两侧通常有过道，有精心雕刻的石材或木制屏风，将中殿里的信徒与在唱诗班里供奉和歌诗的牧师、僧侣分隔开。

重点提示

安东尼奥·高迪（Antoni Gaudí）借鉴哥特风格（Gothic）和摩尔风格（Moorish），设计了圣家族大教堂（Sagrada Família），融合了其个人独立的设计思想和来自西班牙、亚洲、中东的建筑风格。整座教堂布局成一个拉丁十字架结构，由五个中殿组成，位于中心的中殿殿高 45 米，侧殿高 30 米。

拜占庭风格 第17页　罗马风格 第24页　哥特式风格 第25页　文艺复兴风格 第26页　巴洛克风格 第29页
玛利亚·拉赫修道院 第72页　圣母百花大教堂 第82页　圣保罗大教堂 第106页

拱顶

主要建筑师：多米尼克斯·伯姆（Dominikus Böhm）/ 休斯·李伯格（Hugues Libergier）/ 彼得·帕勒（Peter Parler）

拱顶由拱结构构成，形成弯曲的内部空间，古埃及人最早使用拱顶结构。

后来，拱顶逐渐在古罗马、早期基督教、拜占庭和罗马式建筑中流行开来。罗马人经常建造筒形拱顶：通常是与建筑物等长的单弧形拱顶。十字形拱顶采用两个相交的筒形拱顶组成。在 12 世纪，哥特式建筑设计者发现，通过增加骨架或横梁，可以使十字形拱顶变得更坚固，形成可以变宽或变窄的尖拱，从而建造更大面积的拱顶。

从 13 世纪开始，肋形拱顶随着横梁结构的增加而变得越来越复杂。拱顶象征着天堂，在礼拜堂和大教堂建筑中得到广泛使用。在文艺复兴和巴洛克时期，建筑师们尝试用板条和灰泥（窄条木板和灰泥）而不是传统的石头来建造拱形的天花板，这使得拱顶的建造技术得以发展，并产生平滑的、流畅的曲线。在 19 世纪，铁质横梁结构被越来越多地用于拱顶建造。

重点提示

威尔斯大教堂（Wells Cathedral）的多个八角形教士礼拜堂在 13 世纪末和 14 世纪初分两个阶段建造。它由一个中心柱和多个辐射肋拱顶构成，造型经常被比作棕榈树。中间的柱体被大理石包围，大理石上雕刻有橡子和橡树树叶纹饰。

威尔斯大教堂（Wells Cathedral）教士礼拜堂（Chapter House），建筑师不详，1286—1306 年，英国，萨默塞特

尖顶

主要建筑师：让·欧尔贝 / 休斯·李伯格（Hugues Libergier）/ 罗伯特·德·库西 / 安东尼奥·高迪

尖顶的叫法可能来自古英语"spir"，意思是苗、芽或茎，尖顶通常是指塔楼顶上逐渐变细的建筑结构。

尖顶起源于 12 世纪的教会建筑，高耸入云，远处可见。为了减少重量和风的阻力，有些尖顶上刻有精致的镂图案。沙特尔大教堂的西端就有两座尖塔，一座建于 1160 年左右，属于早期哥特式风格，另一座建于 16 世纪，属于华丽风格。尖顶常见于哥特式和文艺复兴时期的建筑，但后来到 19 世纪，几乎在建筑形式中消失不见。

1822 年，约翰·纳什（John Nash）在伦敦建造了万灵教堂（All Souls's Church），它是一座圆形的古典庙宇建筑，其尖顶由科林斯柱支撑。而 1855 年，印度的达克希什瓦迦梨女神庙（Dakshineswar Kali temple，见第 19 页）有 9 个尖顶。随着建造技术和建筑结构的进步，更多的尖塔形式成为可能。高迪在巴塞罗那为圣家族大教堂设计了 18 个尖顶，而伦敦威斯敏斯特宫（Palace of Westminster）的中央塔楼则是为了给这座建筑通风。从 1930 年起，摩天大楼中的尖顶结构通常不再具有实用功能，往往只是为了增加高度而已。

圣奥拉夫大教堂（Saint Olaf's Cathedral），建筑师不详，约 12—16 世纪，爱沙尼亚，塔林

重点提示

塔林的圣奥拉夫教堂（Saint Olaf's Church）始建于 12 世纪，在随后的几个世纪又进行了大规模的重建，在 16 世纪初完成了哥特式尖顶时，它是世界上最高的建筑之一。经过几次重建，塔尖高度现在达到 124 米。

哥特式风格 第25页 **哥特式复兴风格** 第32页 **装饰艺术风格** 第44页 **沙特尔大教堂** 第78页 **威斯敏斯特宫** 第114页 **圣家族大教堂** 第120页 **克莱斯勒大厦** 第132页

宣礼塔

主要建筑师：米玛·锡南 / 埃米尔·阿拉罗特（Emre Arolat）/ 玛丽娜·塔巴松（Marina Tabassum）

重点提示

亚庇市（Kota Kinabalu，马来西亚沙巴州首府）清真寺是马来西亚沙巴的第二座清真寺，其建筑设计以纳巴维清真寺（Nabawi Mosque）为基础，纳巴维清真寺是伊斯兰教第二圣地，建于公元 622 年，位于沙特阿拉伯麦地那。建筑的圆顶用蓝色和金色绘制，灵感来自阿拉伯建筑风格。

宣礼塔源自阿拉伯文"mana-ra"，意为灯塔，是连接或作为清真寺辅助建筑的细长塔。

尽管伊斯兰尖塔的具体风格因地区、时期而异，但大多数宣礼塔是由底座、竖井和廊道组成的，并以一系列圆形、六角形或八角形的台阶为标志，建在突出的阳台上。大多数宣礼塔都有内部楼梯，有时也会是外部楼梯。顶部是一个球形圆顶，搭配一座开放的亭台或是金属覆盖的圆锥体顶盖，通常有装饰性雕刻。

从远处看，宣礼塔的造型可以是方形或圆形。从伊拉克的萨马拉清真寺（848—851 年，参见第 20 页）的厚螺旋形坡道，到苏丹艾哈迈德清真寺（1609—1616 年）的精致塔尖，再到土耳其伊斯坦布尔的蓝色清真寺（参见第 198 页），宣礼塔的形式结构都有所不同。目前幸存的最早的宣礼塔是建于 836 年，位于突尼斯凯鲁万的大清真寺。

基纳巴卢市清真寺，建筑师不详，1989—2000 年，马来西亚，沙巴

拜占庭风格 第17页 **伊斯兰风格** 第20页 **摩尔式风格** 第22页 **索菲亚大教堂** 第62页 **杰内大清真寺** 第126页

柱廊/门廊

主要建筑师：加吉尼家族 / 安德烈亚·帕拉第奥 / 罗伯特·亚当 / 雅克·热尔曼·苏夫洛 / 兰斯洛特·布朗 / 托马斯·杰斐逊

柱廊是一种有顶的、由建筑物正面或周围有规则分布的柱子支撑的走道，柱廊顶部通常是三角形的山墙，支撑在柱楣上。

最早在古希腊神庙入口使用门廊的建筑形式，影响了随后的许多建筑风格。古希腊罗马神庙的门廊上有一定数量等间距排列的柱子。其中包括八柱式、六柱式和四柱式。例如，古罗马的波尔图努斯神庙（the Temple of Portunus，始建于公元前4—前3世纪，重建于公元前180—前120年）。该神庙有一个由四根柱组成的爱奥尼亚式（Ionic）四柱式门廊。偶数柱子意味着奇数阵列的空间组合，因此中间的两根柱子常常构成正门的框架。壁柱式（portico in antis）是双柱式的变体，在双柱门廊两侧是从墙壁延伸而出的壁角柱（antae）。在印度笈多王朝，柱廊是寺庙的重要组成部分，通常装饰华丽。

现在门廊仍然是全世界公共和私人建筑的重要组成部分。

克罗姆庄园，兰斯洛特·布朗（Lancelot 'Capability' Brown），1751—1760年，伍斯特郡，英国

重点提示

英语中"乡间别墅"（country house）是指坐落在英国乡村的大房子或豪宅。许多乡间别墅都采用帕拉第奥式或新古典主义风格（Neoclassical styles），并设有宏伟的门廊。如，帕拉第奥风格的克罗伊姆庄园主要由兰斯洛特·布朗（Lancelot 'Capability' Brown，约1715—1783年）设计。其南立面有一个突出的爱奥尼亚式（Ionic）四柱式门廊。

露台

主要建筑师：伊尼戈·琼斯 / 罗伯特·亚当 / 约翰·纳什 / 路德维希·密斯·凡·德·罗 / 菲利普·约翰逊

露台是高于地面的开放平台，建造于建筑物附近或附属于建筑物。自古以来，世界各地不同的建筑风格中都可见露台。

露台通常向天空开放，在不同地域、各阶段历史上其设计和使用的规则各有不同，在风格、施工方法、材料和尺寸上也有很大的差别。例如，古埃及和摩尔风格的西班牙住宅通常带有屋顶露台，古希腊和罗马的寺庙通常在门廊前有宏伟的露台，而大型露台则附属于亚述帝国（Assyrian）和波斯帝国的宫殿。如，古巴比伦的空中花园（约公元前 7 世纪）便是古代世界七大奇迹之一，由阶梯状的露台组成。传统的佛教建筑，如印度教耆那教（Jaina）的庙宇以及玛雅宫殿（如帕伦克）中的露台都设计成阶梯造型。中国北京的紫禁城（the Forbidden City，1406—1420年）中的各宫殿多配有大理石露台。在文艺复兴时期之后的许多大型建筑都配有屋顶露台或位于主体建筑物后方、通过楼梯可直接进入花园的露台。

重点提示

范斯沃斯住宅（Farnsworth House）是由密斯·凡·德·罗（Mies van der Rohe）设计的一个国际风格的单元式周末度假酒店，透明的落地窗连接地板和屋顶，所有这些建筑材料都用钢柱固定在基地之上。一块单独的平板结构形成露台，通过两组宽台阶与建筑和地面相连。

范斯沃斯住宅（Farnsworth House），路德维希·密斯·凡·德·罗，1951 年，美国，伊利诺伊州

脚柱

主要建筑师：勒·科尔布西耶 / 帕特里克·格温恩（Patrick Gwynne）/ 泽埃夫·雷什特（Zeev Rechter）/ 保罗·鲁道夫

　　脚柱是指通常由铁、钢或钢筋混凝土制成柱或墩，用于支撑地面或水面上的建筑物。

　　最早用来架空建筑物的脚柱（pilotis）是用木材制成的，也就是我们常说的高跷或树桩。亚洲和斯堪的纳维亚（Scandinavia）部分地区的渔民小屋就是用这种方法建造的早期的建筑，这些小屋由木材制成，在水面上建造。脚柱的建筑通常也建在世界上飓风或洪水多发地区。有时，当周边自然环境与气候不规律的时候，使用者只在建筑物的底层居住使用。

　　脚柱（pilotis）通常以网格形式布置，从而均匀地提升建筑物，底层悬空部分也可用作车道或停车场。从美学上讲，它们可以使建筑物的外观变得明亮，或者传达一种漂浮的感觉。1923 年，勒·柯布西耶（Le Corbusier）写道"建筑是居住的机器"，在他的"新建筑的五点要素"（源自《走向新建筑》）中，他表达出脚柱的重要性。脚柱是他重要的设计元素之一，这在他于 1914 年设计的多米诺别墅（Dom-ino Houses）和 1947—1952 年建造的马赛公寓（Unité d'Habitation in Marseilles）中都有所体现。

重点提示

现代建筑中著名的脚柱（pilotis）使用实例是帕特里克·格温恩（Patrick Gwynne，1913—2003 年）在英国萨里的木屋（Homewood，1938—1939 年），以及勒·柯布西耶（Le Corbusier）和皮埃尔·珍内特（Pierre Jeanneret）在巴黎郊外泊西设计的萨夫耶别墅（Villa Savoye）。在支撑建筑的同时，脚柱精致的造型也使建筑的外观看起来更加轻盈，与窗户的水平度形成对比，营造出建筑物凌空漂浮的视觉效果。

萨夫耶别墅，勒·柯布西耶和皮埃尔·珍内特 1929—1930 年，法国，巴黎

古罗马风格 第16页 国际主义风格 第42页 萨夫伊别墅 第134页

悬臂

主要建筑师：弗兰克·劳埃德·赖特 / 马丁·斯坦 / 马塞尔·布劳耶 / 沃尔夫·D. 普里克斯和迈克尔·霍尔泽 / 朱塞佩·佩塔齐

悬臂是一种突出在外的刚性水平建筑结构构件，通常是一端固定在垂直支撑面上。

当立柱需要支撑结构的自由端时，通常会使用悬臂梁作为支撑结构，在桥梁和建筑物中也常会使用悬臂梁。悬臂通常比柱的制作成本更高，但是它能使建筑物具有戏剧化的视觉效果，这使得众多现代建筑师愿意为悬臂结构支付额外的费用。芝加哥弗兰克·劳埃德·赖特（Frank Lloyd Wright）的罗比之家（Robie House，1909—1910 年）的屋顶就是悬臂式的。他在宾夕法尼亚州设计的流水别墅（Fallingwater）也有一个巨大的悬臂式阳台，突显了下面的瀑布。

1937 年，在厄立特里亚首都阿斯马拉，朱塞佩·佩塔齐（Giuseppe Pettazzi，

1907—2001 年）设计了菲亚特塔格里罗大楼（Fiat Tagliero Building）。这个未来主义风格的加油站建筑就像一架飞机，中央塔架支撑着两个 15 米的悬臂"机翼"。美国俄克拉荷马州 66 号公路上也有一个很独特的加油站——POPS 加油站（2007 年），由埃利奥特 + 联合建筑设计事务所（Elliott+Associates）设计。该加油站有一个巨大的霓虹灯标志，造型像一个汽水瓶。该建筑由玻璃墙和一个巨大的悬臂桁架组成，在正立面又延伸出 30.5 米长的悬挑结构。

> **重点提示**
>
> 1997 年，MVRDV 建筑设计事务所在荷兰阿姆斯特丹附近建造了沃佐科老年公寓（WoZoCo），包含 100 套供老年人居住的一居室住宅。由于荷兰的住房法规禁止朝北的公寓，且高度不能超过 9 层，独立钢桁架让建筑物北侧可以延伸出悬臂式公寓，并使建筑物衍生出众多东西朝向的独立空间。

沃佐科老年公寓（WoZoCo），MVRDV 建筑设计事务所，1997 年，荷兰，阿姆斯特丹

材料

石

主要建筑师: 皮泰欧 / 米拉克·米拉扎·吉亚斯 / 乔万尼·邦 / 巴托鲁姆·邦 / 吉安·洛伦佐·贝尼尼

无论是火成岩 (igneous)、沉积岩 (sedimentary) 还是变质岩 (meta morphic)，石材都是最经久不衰的建筑材料之一，已在建筑中广泛应用了数千年。

公元前 2630 年，塞加拉的绍塞尔金字塔 (pyramid of Djoser) 是用石灰石建造的。胡夫法老 (Khufu) 在吉萨的纪念性金字塔也是以石灰石为主，位于中央的法老的大墓室则用红色花岗岩建造。近 2000 年后，亚述帝国的城市杜尔·沙鲁金城 (Dur-Sharrukin，约公元前 720 年) 便是围绕着石头庭院和宫殿而建，宫殿由长着翅膀的公牛雕塑守卫，公牛的头部由高大的石块雕刻而成。

米诺斯人 (Minoans) 和迈锡尼人 (Mycenaeans) 广泛在建筑中使用石头，从公元前 600 年开始，大多数希腊神庙也用石头建造。多立克神庙 (Doric temples) 是用当地的石灰岩建造的，而爱奥尼亚神庙 (Ionic temples) 则更多地是用更坚固、更精细的大理石建造。印度和东南亚最早的寺庙建筑也主要是用石头建造。印度马哈拉施特拉邦的凯拉撒那神庙 (Kailasanatha Temple) 是最大的、由切割岩石建造而成的印度教寺庙建筑，该神庙从公元 756 年到 773 年由一整块岩石切割雕刻而成。

> **重点提示**
>
> 石材是世界上许多最具标志性建筑的基本建造材料。例如，罗马竞技场 (Colosseum in Rome) 主要用石灰华 (travertine) 的板材建造；圣彼得教堂的圆顶 (见第 90 页) 由两个石壳体构成；爪哇的波罗浮屠 (Borobudur, 9 世纪) 由 200 万块石头建造；德里的胡马云皇陵 (Emperor Humayun's tomb in Delhi, 1565—1572 年) 的主要材料是红砂岩。

大金字塔，建筑师不详，约公元前 2589—前 2566 年，埃及，吉萨

泥砖/土坯

主要建筑师：约翰·加·姆（John Gaw Meem）

在非洲、亚洲和美洲地区，许多古民居都是用泥砖建造的。泥砖由黏土、水、稻草、稻壳或草等纤维材料制成，在阳光下晒干后使用。

泥砖是最古老的建筑材料之一，与传统砖一样用灰泥黏合制成。它们也被称为土坯。英语中土坯（adobe）一词是从古埃及语"泥砖"（db）演变而来，这种制造技术源自世界各地的土著部落，至今已经使用了数千年。泥砖具有易得、易制、质轻、经济、柔韧性强等特点。相比之下，石材较重、不经济、较硬、且不易于获得。然而，泥砖结构需要不断地维护，从建筑材料角度来看，往往寿命有限。

泥砖在美索不达米亚（Mesopotamia）地区很常见，人们用从底格里斯河和幼发拉底河（the Tigris and Euphrates rivers）中提取的泥浆制作泥砖建造住宅；在公元前3800年的古埃及，其房屋用尼罗河（River Nile）的泥砖建造。南美洲安第斯地区的传统普韦布洛建筑（pueblo architecture）由石头和土坯建成，始创于公元前750年。

重点提示

巴姆城堡（Bam）是伊朗东南部的一个巨大的土坯堡垒（adobe citadel），可能从公元前6世纪开始就有人居住，在公元224年至637年间还修建了防御工事和城墙。在马里，杰内大清真寺（Great Mosque of Djenné）以其引人注目的建筑风格而著称，这座泥砌建筑的墙和屋顶都穿插了棕榈枝，以减少因湿度和温度急剧变化而产生的泥砖裂缝。

杰内大清真寺，伊斯梅拉·特拉奥雷，1907年，马里，杰内古城

伊斯兰风格 第20页 **希巴姆古城** 第92页 **杰内大清真寺** 第126页

沥青

主要建筑师：菲迪亚斯 / 维特鲁威乌斯 / 查尔斯·加尼尔

乌尔的齐古拉特金字塔（The Great Ziggurat of Ur），建筑师不详，约前2100—前540年，伊拉克，济加尔省

沥青是一种黏稠的黑色油性石油提取物，是植物分解之后的天然产物。

从公元前10世纪开始，沥青出现在美索不达米亚地区建造的永久性建筑中，美索不达米亚在现今伊拉克底格里斯河与幼发拉底河（the Tigris and Euphrates rivers）之间的地区。美索不达米亚文明的繁荣经历了苏美尔文明（Sumerian）、阿卡德文明（Akkadian）、亚述文明和巴比伦文明。它们是最早以塔庙建筑（Ziggurats）为主要元素来建造的城市国家。因为当时的石材供应有限，所以主要是用黏土、稻草和沥青砖以及沥青砂浆建造城市。

在尼布甲尼撒二世统治时期（Nebuchadnezzar II，前604—前561年），古巴比伦是当时最大的城市，其神殿、寺庙、市场和房屋主要是用沥青灰浆建造的。当时巴比伦人还重建了城市的七曜塔（Etemenanki Ziggurat），建筑由七层砖瓦覆盖，然后涂上沥青，高达91米，这座建筑可能是传说中的巴别塔（ower of Babel）的灵感原型。

尽管沥青已经几个世纪没有在灰浆中混合使用，但它常用作屋顶防水和道路铺装，更常被称为柏油（asphalt）或焦油（tar）。

重点提示

据推测，可能是乌尔纳穆国王（King Ur-Nammu，公元前2047—前2030年在位）建造了乌尔的齐古拉特金字塔（The Great Ziggurat of Ur）。由最后一位新巴比伦国王纳博迪努斯（Nabodinus，公元前556—前539年）进行修复，他在幸存的基址周围重建了金字塔。最初的建筑基础是泥砖和沥青砂浆，现在所见的金字塔覆盖着后来烧制的砖块和水泥，但山顶上原有的寺庙建筑物已经不复存在。

墙 第164页

砖

主要建筑师：波斯尼克·雅科夫列夫 / 菲利普·韦伯 / 查尔斯·巴里 / 路易斯·康 / 埃德温·卢顿（Edwin Lutyens）

蒙纳德诺克大厦，伯纳姆（Burnham）和鲁特（Root），1891—1893 年，美国，芝加哥

从生产制造的角度来看，各种材料和尺寸的砖有两个基本类别：烧制和非烧制。

从公元前 4000 年开始，中国就开始生产烧制砖。初期，先把泥与稻草等天然材料结合在一起制作泥砖并晒干。烧制过的砖块为重要的泥砖结构建筑物（如寺庙、宫殿和城墙）提供了用于加固和保护的外表层。烧制砖的习俗逐渐传播开来——古罗马人在整个帝国建造了大型砖式建筑，他们的军团甚至还负责运送移动窑炉。

尽管砖早已在古代建筑中大量使用，但是直到工业革命，砖才开始大规模生产，部分原因是为了建造新的巨型工厂。然而，在 19 世纪末和 20 世纪，对更高建筑物的需求不断增加，导致更多地使用其他更先进的替代材料。芝加哥的蒙纳德诺克大厦（Monadnock Building，1891—1893 年）由丹尼尔·伯纳姆（Daniel Burnham）和约翰·韦尔伯恩·鲁特（John Wellborn Root）设计，是有史以来最高的承重砖结构建筑。砖块提供了有效的承重外墙，并可广泛用于中小型建筑中，特别是在工业化国家更加普及。

重点提示

为了建造等高的平面，砖的尺寸必须相等。随着时间的推移，不同的国家制定了自己的标准和规格，但这些标准之间可能有很大的不同。工程砖比标准砖更重、密度更高、气孔更小，因此通常用于建筑物的基础部分，从而有助于加固建筑结构使建筑物更结实。

木

主要建筑师：爱德华·卡利南（Edward Cullinan）/ 隈研吾 / 坂茂 / 亚历克斯·德·里杰克（Alex De Rijke）

木材极为耐用，能提供坚固的结构并支撑自身重量。它在建筑中的使用可以追溯到数千年前。

中国最早的一些木结构建筑是由榫卯结构的木制承重框架构成。大约在公元前5000年，中国开始用榫卯细木工建造木结构房屋，与此同时欧洲的农民则在建造狭长的木结构房屋。公元前50年左右，古罗马人开始大量建造木结构建筑。

木框架结构又称梁柱结构（post and beam），是一种以木龙骨为主要结构支撑的建筑方法。在欧洲，这项技术在中世纪时期已经变得非常复杂，产生了诸如锤梁（hammerbeam）屋顶这样的建筑结构，其中一个重要的例子是在伦敦的威斯敏斯特大厅（Westminster Hall，1097年）。在中国，寺庙通常是在石头地基上用木框架建造的，例如山西省的南禅寺（Nanchan Temple，公元782年），这是中国现存最早的木结构建筑，而日本奈良的东大寺（Todai-ji Temple）则是世界上最大的木造建筑。

重点提示

现在，人们认为木结构建筑是最环保的解决方案，它让木材作为一种建筑材料经历了一次重生。木材无毒、自然生长、可再生，将其用作建筑材料时所需的其他能源相对较少。木材也是一种很好的绝缘体，有效减少了为调节室内温度而产生的能耗。

东大寺，建筑师不详，728年，日本，奈良

日式风格 第18页　夏克尔风格 第33页　圣巴西勒大教堂 第94页　三溪园 第100页　汉考克夏克尔村 第110页

纸

主要建筑师：亚历山大·布罗德斯基 / 坂茂

在中国、日本和亚洲部分地区的传统建筑中，纸经常用作建筑材料，它能给建筑空间带来轻盈的感觉。

中国、韩国和日本的古代建筑中通常会使用纸窗。对"虚静之美"的向往源于道教。道教起源于中国，随后传播到日本、韩国和越南。传统的日本室内装饰通常采用半透明的纸质推拉门作为隔间使用，称为障子（shoji），它在木制的轨道上运行，可以关闭或打开空间。

1995 年阪神大地震后，坂茂（Shigeru Ban，1957—　　年）为灾区设计了安置房——纸管屋（Paper Log Houses）。1998 年，卢旺达内战结束后，他在当地修建了 50 个紧急安置纸管屋。次年，他又在土耳其的一次灾难性地震后为当地人民修建了纸管屋。2001 年，古吉拉特邦地震后，他又为印度建造了纸管屋。由于便宜又容易建造，坂茂的纸质临时建筑挽救了许多人的生命。1995 年，他还为神户设计了一座由 58 根硬纸管组成的教堂。在使用再生材料方面，坂茂的纸建筑有助于保护环境。

重点提示

传统韩屋（hanok）的建筑形式在不同的地区略有差别，但都采用"韩纸"（又称高丽纸）作为建筑材料之一，这是一种可以在空间表面使用的桑树皮纸。它有极好的绝缘能力，半透明、有通风孔、利于调节湿度，也可作为一个空气净化器过滤漂浮的尘埃颗粒。

韩屋，建筑师不详，13世纪，韩国，首尔

日式风格 第18页 三溪园 第100页

瓷砖

主要建筑师：米玛·锡南 / 路易斯·巴拉甘 / 丹尼尔·里伯斯金

蓝色清真寺（Sultan Ahmed Blue Mosque），塞迪夫卡·穆罕默德·阿加（Sedefkar Mehmed Agha），1609—1616 年，土耳其，伊斯坦布尔

　　通常用于覆盖屋顶、地板或墙壁的瓷砖是由陶瓷、石材、金属或玻璃制成的平板材料，形状各异。

　　传统的屋顶瓦片由当地的陶土和板岩制成，其出现晚于室内瓷砖。室内瓷砖最早已在美索不达米亚和古埃及的建筑中使用。例如，左赛尔金字塔（Djoser，前 2630 年）的地下走廊里就铺着蓝色的瓷砖。北京紫禁城（1406—1420 年）的屋顶所用的琉璃瓦，其不同的色彩代表不同的等级。例如，黄瓦代表皇帝，绿瓦代表皇子。

　　在 13 世纪整个北欧的教会建筑的地板上都铺上了铅釉面砖（lead-glazed tiles）。锡釉面砖（Tin-glazed tiles），在意大利被称为马约利卡（majolica），在荷兰和英国被称为代尔夫特（delftware），最初是由中东的伊斯兰陶工创造的。在 16 世纪和 17 世纪，土耳其伊兹尼克镇开始生产彩色瓷砖，用于修建宫殿和清真寺。直到 18 世纪中叶，瓷砖都是手工制作和装饰的。但在工业革命之后，大多数瓷砖都是由机器制造。

重点提示

伊斯坦布尔蓝色清真寺的内部铺装着土耳其伊兹尼克（Iznik）制造的 20000 多块瓷砖。伊兹尼克瓷砖在透明铅釉下绘有钴蓝色纹样。这些纹样将传统的奥斯曼阿拉伯风格（Ottoman arabesque）花纹与中国纹样结合在一起，正是这些瓷砖上的蓝色纹样给这座清真寺的名字赋予了"蓝色清真寺"的美誉。

竹

主要建筑师：隈研吾 / 马可·卡萨格兰德 / 武重义 / 安娜·黑林格（Anna Heringer）

在亚洲、大洋洲、中美洲和南美洲的部分地区，竹作为建筑材料得到应用。

因为竹子能在水中茂盛生长，所以它能经受极潮湿的环境。特别是在洪水和地震多发地区，它的强度、柔韧性和高产量使其成为混凝土和钢材的良好替代品。在中国，竹子经常被用来制作脚手架和简单的悬索桥（suspension bridges）。菲律宾的传统竹屋（bahay kubo）是用高跷搭起来的，历史悠久。早在 1571 年西班牙人到来之前，印尼和马来西亚的部分地区也建造了类似的房屋。

尽管在 20 世纪，竹子在建筑中的应用减少了，但随着环保意识的增强、自然材料日益受到欢迎，竹子在今天再次流行起来。2010 年上海世博会印度馆便是世界上最大的竹穹顶，旨在展示城乡之间的协同效应。

巴塔克屋，建筑师不详，约 1900 年，印度尼西亚，苏门答腊岛

重点提示

位于苏门答腊岛的巴塔克建筑（Batak architecture）广泛使用竹材料。一般巴塔克建筑包括会议厅、居住区和米仓。居住区在共享的生活空间中容纳了多个家庭。托巴湖（Toba）周围的托巴巴塔克房屋（Toba Batak houses）有雕刻精美的山墙和引人注目的弯曲的屋脊，而更北部的卡罗巴塔克房屋（Karo Batak houses）则是分层建造的。

大理石

主要建筑师：菲迪亚斯 / 雅各布·范·坎彭（Jacob Van Campen）/ 托马斯·林肯·凯西（Thomas Lincoln Casey）/ 亨利·培根 / 法里波兹·萨巴

大理石能承受巨大的重量，因此它已经在建筑中使用了数千年。

虽然英语中大理石（Marble）一词来源于希腊语，意思是"白雪皑皑，一尘不染的石头"，但是根据石灰岩中的杂质不同，大理石会呈现出不同的颜色。第一座完全用大理石建造的建筑是雅典宝库（Athenian Treasury），建于公元前510年到公元前490年间。帕特农神庙（Parthenon）也是用纯白色大理石建造的。这些石料是从附近的潘泰利库斯山开采的。古希腊时期（大约公元前5世纪）的公共建筑和寺庙都保留了白色大理石。后来，从公元前4世纪到前3世纪（古典时代后期至希腊化时代），开始使用彩色大理石，但局限于室内应用。

罗马人对大理石的使用范围，从重要的公共建筑扩展到上层社会的住宅，但仍然是奢侈的象征，这种关联至今仍在持续。例如，建于1848年至1884年的美国华盛顿纪念碑（Washington Monument）和建于1914年至1922年的林肯纪念堂（Lincoln Memorial）都是用大理石建造的。

重点提示

印度拉贾斯坦邦（Rajasthan）马克拉纳（Makrana）的半透明白色大理石被广泛应用于泰姬陵——该大理石也用于加尔各答的维多利亚纪念馆（Victoria Memorial，建于1906年至1921年）。泰姬陵的白色外墙上镶嵌了28种宝石和半宝石，包括玉石、碧玉、水晶、绿松石、玛瑙、蓝宝石和青金石。

泰姬陵，乌斯塔德·艾哈迈德·拉赫里（Ustad Ahmad Lahori），1632—1648年，印度，阿格拉

混凝土

主要建筑师：勒·柯布西耶 / 路易斯·康 / 安藤忠雄 / 扎哈·哈迪德 / 圣地亚哥·卡拉特拉瓦

混凝土是一种凝结硬化而成的混合性材料，坚固且柔韧，是全世界最常用的建筑材料。

水泥、沙子、石头和水混合在一起时，会发生化学反应，从而使最终形成的混凝土比其中的任何一种成分都要坚固。早在公元前 6500 年，叙利亚南部和约旦北部的贝都因人（Bedouins）就开创了一种混凝土形式。几个世纪后，古埃及人用石灰和石膏制成了类似的混合物。后来，罗马人仍然用生石灰、火山灰，以及浮石、砾石、沙子或岩石制成的混合物来制作混凝土，称之为罗马水泥（opus caementicum）。然而，在罗马帝国衰败之后，混凝土的使用逐渐减少。在 19 世纪中叶，法国人弗朗索瓦·科伊涅特（François，1814—1888 年）和约瑟夫·莫尼尔（Joseph Monier，1823—1926 年）率先使用了钢筋混凝土（iron-reinforced concrete）。钢筋混凝土，是在混凝土内部铺设了钢条、钢筋或金属网，以增强其抗压强度并吸收诸如风或地震之类的力所引起的应力[1]。钢筋混凝土彻底改变了建筑业，使大型摩天大楼和雕塑般的建筑作品得以实现。

重点提示

为了纪念日本姬路市成立 100 周年，安藤忠雄（Tadao Ando）设计了姬路文学馆。该建筑的外观用钢筋混凝土、石头和玻璃材料，内部使用木材，创造了两个立方体和一个圆柱体造型的建筑。竣工三年后，他又设计了一个混凝土"单体"和一个玻璃立方体建筑，作为其附属建筑。

姬路市文学馆，安藤忠雄（Tadao Ando），1989—1996 年，日本，兵库县

1　应力：物体由于外因（受力、湿度、温度场变化等）而变形时，在物体内各部分之间产生相互作用的内力，单位面积上的内力称为应力。

编木藤夹泥

关键建筑师：不详

莎士比亚故居，
建筑师未知，
16世纪，英国，
斯特拉特福德
镇埃文河畔

从大约6000年前到大约400年前，在欧洲、亚洲、美洲、澳大利亚和非洲的部分地区，许多住宅是用编木藤夹泥（wattle and daub）材料建造的的。

编木藤夹泥是一种用荆棘的枝条编织成的格子衬垫来建造墙壁的方法，然后用一种灰泥混合物来填充墙壁，这种混合物可能包括泥浆、黏土、沙子、动物粪便和稻草等成分。变干时，这种复合材料就会变硬，变成防水的覆盖物。

像莎士比亚在英国埃文河畔斯特拉特福德（Stratford on-Avon）的故居那样，编木藤夹泥被用作木框架结构的填充材料。这种木结构的编木藤夹泥材料建筑将一系列垂直的木柱或木桩打入地下，并与横梁或过梁交叉。该建筑结构是通过在竖直的木桩之间编织细树枝，或将木藤作为松散的嵌板在框架中开槽，从两侧同时涂抹湿泥，围绕着荆藤并深入其中直至完全包裹。当整体固化时，通常会在表层再覆盖一层灰泥。

重点提示

当地的材料总是人们的首选，所以柳树、芦苇或竹子都可以用作编木藤夹泥的材料，这取决于材料是否方便获取。尽管编木藤夹泥由不同的成分组成，但它始终需要黏合剂，如黏土；用于填充的辅料，如泥土或沙子；以及加固材料，如稻草或大型动物粪便。

石膏

主要建筑师：皮埃尔·尚毕日 / 罗伯特·亚当 / 奥诺雷·多梅

灵光寺（Wat Rong Khun），许龙才（Chalermchai Kositpipat），1996年，泰国，清莱

灰泥（plaster）在建筑中使用了几个世纪，它是石灰（lime）或石膏（gypsum）以及水和沙子的混合物，会在干燥后变硬。

古埃及人使用煅烧石膏制成的灰泥。迈锡尼人（Mycenaeans）使用细石灰膏；到公元前5世纪，古希腊的庙宇经常使用石灰灰泥。古罗马人在建筑内层上使用石灰和沙子的混合物，在表面涂上由石膏、石灰、沙子和大理石粉末组成的精细的混合灰泥。但是在罗马帝国陷落之后，一直到后来的文艺复兴时期才放弃使用大理石粉末进行混合。

在欧洲的中世纪，石灰和石膏灰泥广泛用于装饰、表面抹平、修护重要建筑物，通常加入毛发作为增强剂。直到20世纪初，石灰才成为建筑主要的黏合剂，因为它比灰泥便宜并且易于使用。但是在第一次世界大战之后，灰泥变得更加普及。这是因为灰泥的主要原料——石灰在巴黎周围大量开采，它也因此被称为"巴黎灰泥"（plaster of Paris）。

重点提示

清莱的灵光寺由白色石膏灰泥制成，表面贴有玻璃碎片，令整座寺庙在阳光下闪闪发光。白色代表佛陀的纯洁，玻璃代表佛陀的智慧和教诲。这座形状复杂的寺庙是由泰国艺术家许龙才（1955——　年）设计建造的。

马赛克

主要建筑师：安东尼奥·高迪 / 西蒙·罗迪阿

除了"卵石马赛克"是指铺在地板上的圆形小石头以外，大多数马赛克都是由方形的彩色小石头或玻璃制成的"镶嵌"（tesserae）工艺。

最早有记载的马赛克可以追溯到公元前3世纪后期，美索不达米亚（Mesopotamia）的乌拜德神庙（Al-'Ubaid）由石头、贝壳和象牙制成。马赛克在古希腊和古罗马建筑中的使用很普遍，古罗马人甚至发展出一种特殊的技术，用花窗玻璃镶嵌物在地板和墙壁上拼画，并附有金箔。

从4世纪开始，基督教和拜占庭大教堂经常用马赛克装饰。中东5、6世纪的犹太教堂饰有拜占庭式和罗马式风格的地板马赛克，而马赛克图案也广泛应用于早期伊斯兰宗教建筑和宫殿，包括耶路撒冷的圆顶清真寺（the Rock in Jerusalem）和大马士革的倭玛亚清真寺（the Umayyad Mosque，715年）。特伦卡迪斯（Trencadís）是另一种马赛克，由碎瓷砖、瓷器和玻璃碎片拼制而成。安东尼奥·高迪利用这种马赛克制造了震撼的视觉效果，例如位于巴塞罗那的古埃尔公园（Park Güell，1900—1914年）。

重点提示

位于意大利拉韦纳（Ravenna）的圣维塔莱教堂（Basilica of San Vitale）是早期基督教拜占庭艺术及建筑的一个典型案例。色彩丰富、错综复杂的马赛克装饰是在拜占庭人征服这座城市后不久完成的，描绘了皇帝查士丁尼一世（Emperor Justinian I）和皇后狄奥多拉（Empress Theodora）、耶稣（Jesus）及其信徒、圣徒格尔瓦修斯（Saints Gervasius）和普罗塔修斯（Protasius）等，还带有鲜花和水果的装饰性徽标。

圣维塔莱教堂，建筑师不详，527—547年，意大利，拉韦纳

灰泥

主要建筑师：多米尼库斯·齐默尔曼 / 约翰·巴普蒂斯特·齐默尔曼 / 安德烈亚·帕拉第奥 / 罗伯特·亚当 / 阿道夫·洛斯 / 勒·柯布西耶

虽然在意大利语中，混凝土（stucco）可以指灰泥和石灰，但这两种材料的组成和使用有明显差别。

传统的灰泥像石膏一样，是由石灰、沙子和水制成的。但是在 1824 年，英国制造商约瑟夫·阿斯丁（1778—1855 年）发明并获得了专利，他称之为"波特兰水泥"（ Portland cement，即硅酸盐水泥），这种水泥可以调和出更坚固的灰泥，很快就取代了混合料中的石灰。同样，灰泥中石膏的含量也逐渐增加，而不再使用石灰。

混凝土通常用于建筑物的外部，而内部则用灰泥。有时也可以将诸如丙烯酸（acrylics）和玻璃纤维（glass fibres）之类的添加剂添加到混凝土中，以提高其耐久性并加固。尽管在古埃及、米诺斯地区、伊特鲁里亚地区、美索不达米亚和波斯的建筑中都发现了混凝土浮雕，但在文艺复兴时期，混凝土才开始盛行，无论是光滑还是有纹理的表面，有时还配有徽标和花环之类的装饰元素。在巴洛克时期，混凝土还用来为建筑创造华丽的装饰，而新古典主义建筑则通常在柱子采用混凝土装饰。在 20 世纪 30 年代，国际风格的建筑因使用光滑的白色混凝土墙而著称。

重点提示

德国巴伐利亚州的维斯教堂内精致的曲线、镀金和混凝土彩绘装饰是由兄弟建筑师多米尼库斯·齐默尔曼和约翰·巴普蒂斯特·齐默尔曼创作的，融合了流畅华丽的洛可可风格和巴洛克风格元素。整体建筑传达出一种轻盈、精致和宏伟的感觉，象征着天堂，与朴素、未经修饰的外观形成鲜明对比。

维斯圣地教堂（Wieskirche），多米尼库斯·齐默尔曼和约翰·巴普蒂斯特·齐默尔曼，1745—1744 年，德国，巴伐利亚

玻璃

主要建筑师：约瑟夫·帕克斯顿 / 路德维希·密斯·凡·德·罗 / 瓦尔特·格罗皮乌斯 / 查尔斯和蕾·埃姆斯 / 石上纯也 / 贝聿铭

重点提示

埃姆斯之家（Eames House），也被称为"住宅案例研究8号作品"，是由夫妻设计师查尔斯·埃姆斯（Charles Eames，1907—1978年）和蕾·埃姆斯（Ray Eames，1912—1988年）设计的他们的居室和工作室。两个由玻璃和钢组成的矩形"单体"沿中心轴对齐，每一个独立空间都由一个简单的钢框架构成，并用各种不透明和半透明的面板进行分隔。

埃姆斯之家，查尔斯和蕾·埃姆斯（Charles and Ray Eames），1949年，美国，加利福尼亚

早在公元前2500年人类就已经制造出了玻璃。随后，玻璃吹制工艺发源于公元前1世纪。

玻璃最早用于古罗马建筑的窗户，当时人们将烧制中的圆柱形玻璃纵向切成薄片并压平来制作玻璃窗。在接下来的几个世纪里，窗户仍然很小且稀缺。但随着时间的推移，玻璃制造工艺的改进仍在继续，窗户的使用变得越来越普及。1851年，约瑟夫·帕克斯顿（Joseph Paxton，1803—1865年）设计了位于伦敦的水晶宫（Crystal Palace），这是一个巨大的玻璃和铁制结构建筑，是第一届世界博览会的展厅。

1952年，英国工程师和商人阿拉斯泰尔·皮尔金顿（Alastair Pilkington，1920—1995年）发明了浮法玻璃（float-glass）工艺，用于平板玻璃的商业制造，可以使玻璃具有均匀的厚度。从20世纪60年代初开始，世界上所有领先的平板玻璃制造商都获得了使用皮尔金顿浮法玻璃工艺的许可，该工艺取代了所有其他方法，主宰了高品质平板玻璃的世界市场。

玻璃和钢结构在20世纪成为进步的象征。用这种结构来建造建筑幕墙，使玻璃覆盖全部建筑表面成为可能。由于技术上的进步，当今的制造工艺还可以合并大面积的曲面玻璃。

现代主义风格 第37页 包豪斯风格 第43页 高技派风格 第49页 威尼斯总督府 第86页
里特维德–施罗德住宅 第128页 蓬皮杜艺术文化中心 第150页

花窗玻璃

主要建筑师：奈梅亨·阿诺德 / 威廉·伯格斯 / 路易斯·康福特·蒂芙尼

重点提示

布拉格圣维特大教堂（Saint Vitus Cathedral）色彩艳丽、闪闪发光的花窗玻璃（stained-glass）窗融合了宗教历史和强烈的人类情感。类似于地球形状的众多巨大的、艳丽的玫瑰色玻璃窗围绕教堂，形成设计精美、色彩丰富的拱形窗户。1929 年由卡雷尔·斯沃林斯基（Karel Svolinsky）设计的施瓦辛格教堂（Schwarzenberg Chapel，1896—1986 年），其花窗玻璃拥有更为丰富的细节。

圣维特大教堂（Saint Vitus Cathedral），阿拉斯的马提亚斯（Matthias of Arras）和彼得·帕勒（Peter Parler），1344—1397 年，持续停工及修建至 1929 年，捷克，布拉格

古埃及人（ancient Egyptians）、腓尼基人（Phoenicians）和古罗马人（Romans）都曾生产花窗玻璃，公元前 1 世纪在西顿（Sidon）、提尔（Tyre）和安提阿（Antioch）都有繁荣的制造中心。

有色玻璃的制造原理是在制造玻璃的过程中加入金属盐或矿物，这些工艺通过叙利亚商人和水手流传到中国和欧洲。起初，有色玻璃用于清真寺、宫殿和公共建筑，但随着时间的推移，逐渐减少了在建筑中的使用。

从 7 世纪开始，欧洲人在建造基督教教堂时，用小块花窗玻璃制作窗户，用铅条固定在一起。这些花窗玻璃窗象征着《圣经》最后一本书《启示录》（Revelation）中描述的宝石般的天堂之墙。随后哥特式教堂开始采用更大的花窗玻璃窗，展示圣经故事，用以对信徒进行宗教教育。在 12 世纪和 13 世纪，法国大教堂常制造宽大、精致的圆形彩色玫瑰花窗。

1893 年，路易斯·康福特·蒂芙尼（Louis Comfort Tiffany，1848—1933 年）发明了法夫赖尔玻璃纤维（Favrile glass），这是一种彩虹色的玻璃，在新艺术运动时期用于制作大型建筑的花窗玻璃窗。

哥特式风格 第25页 沙特尔大教堂 第78页 圣母百花大教堂 第82页 圣家族大教堂 第120页

铁

主要建筑师：古斯塔夫·埃菲尔 / 查尔斯·巴里

虽然早在8世纪中国的建筑中就已经使用铁，但直到18世纪，铁才开始广泛应用于建筑中。

在欧洲，铁用于支撑桥梁和火车站等大跨度结构，具有坚固、易量产、相对造价低的特点。在相当长的一段时间里，因为铁易于铸造成许多造型，建筑师们用铁来模仿历史上的围墙，创造出比石雕更经济的精致围墙。它的强度足以支撑重型机械，因此铸铁也用于工厂建筑结构的构件，尽管一些早期的建筑物曾由于易碎的铸铁梁构件断裂而倒塌。

大型铁结构构件可以预制，并能快速运输到世界各地。铸铁立柱也比砖石立柱更细，既节省空间又优雅，因此逐渐形成了一种新的建筑美学。1851年，约瑟夫·帕克斯顿（Joseph Paxton）设计了伦敦的水晶宫，这座巨大的铁和玻璃结构在世界范围内不断地被模仿和演变。

重点提示

埃菲尔铁塔（Eiffel Tower）是为1889年世博会而建的临时建筑，由古斯塔夫·埃菲尔（Gustave Eiffel，1832—1923年）设计，因其前所未有的外观和非凡的高度而著称。它主要由开放式网格设计的锻铁组成，由四个巨大的拱形柱墩支撑，这些支腿设置在砖石底座上弯曲、延伸，与锥形塔相聚合。

埃菲尔铁塔（Eiffel Tower），古斯塔夫·埃菲尔（Gustave Eiffel），1887—1889年，法国，巴黎

哥特式复兴风格 第32页 威斯敏斯特宫 第114页 卡尔广场地铁站 第124页

钢

主要建筑师：路易斯·沙利文 / 威廉·勒巴隆·詹尼 / 贝聿铭 / 扎哈·哈迪德 / 弗兰克·盖里 / 莫瑟·萨夫迪 / 诺曼·福斯特 / 布鲁斯·普莱斯

在 19 世纪末，作为建筑材料的铁被钢所取代。因为钢更柔韧、均匀、坚固，并且具有很高的抗压强度。

钢是一种由铁、碳和其他元素组成的合金，具有很高的抗拉强度，且生产成本低廉。尽管关于人类生产钢的考古学证据可追溯到公元前 1800 年的小亚细亚半岛，但直到 19 世纪中叶，钢的生产量才足以用于建筑工程。1855 年，英国发明家亨利·贝塞默（Henry Bessemer，1813—1998 年）开发了第一种相对廉价的，大规模生产钢铁的工业流程。

钢逐渐在众多建筑材料中脱颖而出，取代了铁。钢的首要用途是建造桥梁。由于钢异常坚固，也常用于建造开放式室内设计和高层建筑，并且在摩天大楼的发展中成为必不可少的建筑材料。最早的全钢结构建筑是由布鲁斯·普莱斯（Bruce Price，1845—1903 年）设计的位于纽约美国的担保大厦（the American Surety Building，1894—1896 年）。巴黎的蓬皮杜艺术中心（Pompidou Centre）也是用巨大的外部钢框架建造的，内部空间由巨大的钢桁架（steel trusses）结构横跨支撑。

重点提示

1990 年，诺曼·福斯特（Norman Foster）在柏林重建了议会大厦。他在大厦的顶部添加了一个富有创意的钢和玻璃结构的圆顶，可以看到城市的全景，也可以让观众俯瞰德国联邦议院的辩论厅。

议会大厦，保罗·沃洛（Paul Wallot），1884—1894 年，诺曼·福斯特（Norman Foster），1995—1999 年，德国，柏林

铝

主要建筑师：奥托·瓦格纳 / 弗兰克·劳埃德·赖特 / 路德维希·密斯·凡·德·罗 / 埃罗·沙里宁 / 理查德·奈特拉

重点提示

1927 年，巴克敏斯特·富勒（Buckminster Fuller）设计了一种装配式生态房屋，重量不到 3 吨，几乎可以在任何地方建造。戴梅森住宅（Dymaxion House）将工厂制造的各类配件在现场组装。第二次世界大战后，两个建筑原型被生产出来，最终被合并成一个设计方案并得以实施。

戴梅森住宅（Dymaxion House），巴克敏斯特·富勒（Buckminster Fuller），1948 年，美国，密歇根州

铝是一种可循环利用的材料，它坚固、重量轻、耐用、耐腐蚀，可制作成各种形状。

直到 19 世纪末，人们才发现一种从铝土矿石中提取铝金属的廉价方法，直到 20 世纪 20 年代，这种方法才得以广泛应用。后来，随着越来越容易生产且成本随之降低，铝最终成为建筑师使用的实用型材料。

铝在建筑工程中的第一个著名实例是位于纽约市的帝国大厦（1929—1931 年，见第 44 页），尤其是该建筑著名的尖顶。

铝很快开始用于制造建筑构件，如梁、窗和门框，特别是用于外墙和幕墙。如今，铝合金材料常用来支撑许多建筑物的厚玻璃。

诺曼·福斯特（Norman Foster）设计的位于德国法兰克福的商业银行大厦（Commerzbank Tower，1994—1997 年）是欧洲最高的建筑之一。其外部以阳极氧化铝板作为防雨屏，而挤压铝型材则有助于通风。尽管它仍然比钢铁贵，但许多摩天大楼都采用铝框架，它让摩天大楼更高、更节能。

装饰艺术风格 第44页 克莱斯勒大厦 第132页

塑料

主要建筑师：彼得·库克 / 科林·福尼尔 / 尼古拉斯·格里姆肖 / 李兴刚 / 克里斯·博塞

伊甸园工程（Eden Project），尼古拉斯·格里姆肖（Nicholas Grimshaw），1998—2001 年，英国，康沃尔

　　耐磨、适应性强、重量轻的塑料和聚合物是最新的合成材料，在建筑中得到广泛应用。

　　第一批半合成塑料是在 19 世纪中叶开发的，但其用途有限。在第二次世界大战之前，丙烯酸（acrylic）、聚乙烯（polythene）、聚氯乙烯（PVC）、聚苯乙烯（polystyrene）和尼龙（nylon）被引入建筑领域，但直到 20 世纪 70 年代，这些材料的质量才提高到可以实际应用的程度，少量用于制造建筑材料。人们在使用中发现，这些材料有助于节约能源和降低成本。例如，彼得·库克（Peter Cook，1936 年）和科林·福尼尔（Colin Fournier，1944 年）设计的位于奥地利（2001—2003 年）的格拉茨现代美术馆（Kunsthaus Graz）就覆盖了蓝色丙烯酸塑料的半透明表皮，适用于内置光伏面板，以节约能耗。

　　乙烯 – 四氟乙烯共聚物（ETFE）是一种特别强韧的聚合物，具有很高的耐候性[1]。它重量轻、耐用、用途广泛，已被用于许多项目，包括赫尔佐格和德梅隆建筑事务所（Herzog& de Meuron）和中国建筑设计研究院共同设计的鸟巢（Beijing's National Stadium，2003—2008 年），以及 PTW 建筑师事务所设计的水立方（the city's National Aquatic Centre，2004—2007 年）。鸟巢的"树枝"结构之间使用了红色的 ETFE 缓薄膜材料，而水立方是世界上最大的 ETFE 覆盖建筑结构。

1　耐候性：如涂料、建筑用塑料、橡胶制品等材料，在经受室外气候的考验（如光照、冷热、风雨、细菌等造成的综合破坏）时的耐受能力。

蒙特利尔自然生态博物馆 第148页

碳纤维

主要建筑师：阿希姆·门格斯 / 莫里茨·德尔斯泰尔曼 / 玛丽亚·亚布洛尼娜（Maria Yablonina）

碳纤维是一种强度高、重量轻，含碳量在 90% 以上的高强度、高模量纤维，是一种相对新晋的建筑材料。它比钢轻盈，但强度是钢的五倍，硬度是钢的两倍，且重量要小得多。它最早产生于 19 世纪末，当时发明家约瑟夫·斯旺（Joseph Swan，1828—1914 年）和托马斯·爱迪生（Thomas Edison，1847—1931 年）将棉花和竹材料碳化，制成早期白炽灯的灯丝。碳纤维的使用逐渐扩大，但直到 21 世纪初，碳纤维才以足够的产量和相对低的造价而用作建筑材料。

现在碳纤维经常与钢筋混凝土、水泥和其他材料混合使用，甚至比许多其他建筑材料的成本更低。然而，目前许多建筑师倾向于简单地使用碳纤维来模仿既有建筑材料，并没有完全发挥出碳纤维材料的特性，和 19 世纪末使用铁作为建筑材料时的情况相似。随着对碳纤维材料的研究与使用，它将会像铁一样，以更加创新的方式运用到建筑中。

重点提示

鞘翅丝亭（Elytra Filament Pavilion）由裸露的玻璃和碳纤维（carbon fibre）制成，是模仿甲壳虫外壳或鞘翅的细丝设计出的建筑结构。每个组件都是由斯图加特大学（University of Stuttgart）的机器人创建的。这些长丝结构坚固轻巧，占地超过 200 平方米，而重量却不到 2.5 吨。

鞘翅丝亭，阿希姆·门格斯（Achim Menges），莫里茨·德尔斯泰尔曼（Moritz Dörstelmann），简·肯尼珀斯（Jan Knippers），托马斯·奥尔（Thomas Auer），2016 年，英国，伦敦

再生材料

主要建筑师：伦佐·皮亚诺／诺曼·福斯特／比尔·邓斯特／简·琼格特（Jan Jongert）／王澍

在建筑中使用回收或再生的材料可以减少浪费，降低造价，有利于保护环境。

几个世纪以来，随着对砖、瓷砖和装饰材料等有价值的建筑材料进行回收和再利用，建筑界出现了绿色循环的趋势。自20世纪末以来，人们越来越重视对建筑材料的回收再利用，也因此产生了许多有创意、高效且具有艺术性的，关于建筑材料循环利用的可持续设计方案。

在这场建筑设计的"绿色革命"中，将回收利用融入到建筑设计中已成为普遍现象。如，木材、砖、瓷砖和玻璃等，以及在建筑中尝试使用瓶子、易拉罐和橡胶轮胎等更出乎意料的材料。典型实例是工程师塔特·列赫比卜·布雷卡（Tateh Leh-bib Braica）在尼日利亚的耶卢瓦（Yelwa）建造的耐用房屋（the durable houses），便是由装满沙子和泥浆的废旧塑料瓶制成。使用回收材料有利于减少能源需求和污染物排放。"创新再造"（Creative reuse）是一种回收利用的形式，在这种形式下，整个废弃的建筑物都可能重新找到全新的功能和用途。

重点提示

2012 年普利兹克建筑奖获得者王澍（1963—　年）利用当地的回收材料，如竹、瓷砖和砖，设计了宁波博物馆，其中一些材料已有数百年历史。建筑内部的每一层都不一样。例如，倾斜的二楼创造了一座山和一条船的形状，表明了宁波的地理位置，以及海上贸易在其历史中的重要性。

宁波博物馆，王澍，2007—2008 年，中国，浙江省，宁波市

可持续主义风格 第50页 **垂直森林** 第158页

复合材料

主要建筑师：贝聿铭 / 扎哈·哈迪德 / 隈研吾 / 大卫·阿贾耶

阿利耶夫文化中心（Heydar Aliyev Cultural Center），扎哈·哈迪德（Zaha Hadid），2007—2012 年，阿塞拜疆，巴库

泥砖和混凝土是建筑中最古老的两种复合材料。从 20 世纪末开始，人们又发明了许多类似的建筑材料。

木材便是天然复合材料的一个实例，而人造板（如胶合板）正是基于这种原理而制成的，可以满足不同的使用需求。刚发明钢筋混凝土时，其强度和多功能性彻底改变了建筑的形式。自那时以来，混凝土已经使用各种材料进行了加固，包括钢筋合成纤维或天然纤维。

最新的复合建筑材料通常耐用、重量轻、无腐蚀性且易于维护。有些符合特定工艺流程的制造要求，但这样做的缺点通常是整体造价升高。然而，玻璃纤维和一些工程压制板材可以适应多种应用。纤维增强复合材料（FRP）是一种多功能材料，因其坚固、耐用、防水和多用途，来自挪威的斯诺赫塔设计事务所（Snøhetta）使用 FRP 建造了旧金山现代艺术博物馆新馆（SFMOMA，2010—2016 年）建筑立面。

重点提示

阿利耶夫文化中心的外观是由环绕建筑主体的起伏曲面构成的。它主要由钢筋混凝土、钢框架、组合梁和桥面（decks）组成，全部由白色、光滑、坚固的玻璃纤维增强塑料（GFRP）覆盖，这种材料使建筑具有蜿蜒、弯曲的造型，便于维护，并延长建筑体的使用寿命。

钛

主要建筑师：弗兰克·盖里 / 保罗·安德烈（Paul Andreu）/ 丹尼尔·里伯斯金

毕尔巴鄂古根海姆博物馆（Guggenheim Museum），弗兰克·盖里，1992—1997年，西班牙，毕尔巴鄂

除了重量轻、坚固、耐用以外，钛还是一种优良的绝缘体，这意味着它可以有效调节建筑物的能耗。

钛从 20 世纪 70 年代开始被建筑师广泛应用于博物馆、寺庙、神殿等各种建筑类型以及住宅建筑中，其优异的耐腐蚀性能使某些建筑设计可以适应沿海地区恶劣、易发生腐蚀的环境，而它的抗震性能也使其适合用于地震多发地区。钛可以隔绝多种环境污染物、性能可靠、坚固耐用，作为一种可循环使用的新型环保建筑材料，钛是一种绿色材料。

另一个促进钛在建筑中应用的积极因素是钛对氧化的反应。当暴露在湿气或空气中时，钛表面会自然形成一层氧化膜，保护钛不受外界环境的侵蚀，这意味着钛不需要防腐涂层进行保护。利用这个特性，保罗·安德烈（Paul Andreu，1938—2018 年）将位于中国北京的国家大剧院设计成了一个钛和玻璃结构的椭圆球形穹顶，安置于人工湖的中心，其设计意图类似于水滴或漂浮在水面上的珍珠。

重点提示

加拿大裔美国建筑师弗兰克·盖里（Frank Gehry）对固定在他办公室外的金属样品进行实验以后，选择用 33000 块极薄的钛金属板作为毕尔巴鄂古根海姆博物馆（Guggenheim Museum）的包裹层。博物馆的弧形外壳与石灰石、玻璃相结合，形似一艘船，唤起毕尔巴鄂的历史。随着天气和时间的变化，建筑表面会因为光线不同而改变颜色。

专业词汇

基座 / 平台（Adhisthana）
佛教或印度教寺庙凸起的底座。

回廊（Ambulatory）
教堂后殿周围的过道，通常两侧有小礼拜堂。

壁角柱（Anta）
竖立在希腊神庙入口两边的柱子。

后殿（Apse）
教堂的半圆形或多边形末端，通常在圣坛的末端。

拱廊（Arcade）
由一系列柱子支撑的拱门；有时也是有顶的通道。

额枋（Architrave）
由柱子支撑的水平横梁；檐部的最低部分。

半亭式门廊（Ardhamandapa）
通常位于印度教寺庙前廊（antarala）的前方或其位置的半亭处，两边封闭，只有前面对外开放。

华盖（Baldachin）
祭坛或宝座上的天篷。

洗礼堂（Baptistery）
教堂的一部分或教堂附近的独立建筑物，用于举行洗礼仪式。

筒形拱顶（Barrel vault）
最简单的拱顶形式，类似于纵向切成两半的圆柱形或穹隆；也称为隧道型拱顶或马车型拱顶（wagon vault）。

大教堂（Basilica）
通常为长方形的中世纪教堂，中殿比侧殿高，以罗马礼拜堂（Roman assembly hall）为造型基础。

契合（Bond）
用重叠的砖铺设的砌砖工程。

扶壁（Buttress）
支撑外墙的、凸出的砖石或砖墙；飞扶壁通常是拱或半拱形式，用于平衡肋架拱顶对墙面的侧向推力。

钟楼（Campanile）
通常是与教堂主体分开的独立建筑，其中意大利钟楼最为典型。

悬臂梁（Cantilever）
一端连接支撑固定的梁或阳台，另一端承受额外负荷的结构。

柱首（Capital）
柱、壁柱或墩的顶部，通常在过梁、柱楣或拱廊下面。

平开窗（Casement window）
在一个垂直的侧面铰接的框架窗户，可以从侧面打开。

凹弧形（Cavetto）
凹面塑型，通常近似于四分之一圆。

内殿（Cella）
古典庙宇或罗马建筑的内室。

支提（Chaitya）
一端有佛塔的佛龛或祈祷大厅。

宝伞（Chatra）
一种支撑寺庙上方三层伞形结构的中央支柱，代表佛教的三颗宝石或三叉戟。

中式风格（Chinoiserie）
仿制中国风格，流行于 17 和 18 世纪的欧洲。

高侧窗（Clerestory）
教堂中殿上一层的窗户。

柱廊（Colonnade）
一系列有序排列，支撑拱门或檐部的柱子。

组合梁（Composite beam）
由两种不同材料结合或不同工序结合而成的梁，亦称联合梁。

梁托 / 牛腿（Corbel）
石、木或金属的结构体，从墙上伸出，用作支撑来自顶面的压力。

檐口（Cornice）
一种水平凸出的结构造型，通常在檐部的顶部，又称屋檐。

垛口（Crenellation）
在高墙顶部交替地升高和降低的墙体部分，通常在城堡上用于防御目的；也称为城垛（battlement）。

穹顶屋（Cupola）
穹顶建筑物顶部的小圆顶或六角形或八角形塔，通常用来引入光线和空气或作为瞭望台。观景台常由方形空间和圆顶构成。

幕墙（Curtain wall）
非承重墙的一种隔墙，通常由玻璃制成，或指城堡的外墙。

檐部（Entablature）
古典柱式的上部，在柱和柱头之上。

卷杀（Entasis）
尖顶柱或尖顶中间的一种轻微的凸形曲线，用来消减来自柱中段的内弧或变窄的视错觉。

主立面（Façade）
建筑物的外观，通常指正面。

檐壁（Frieze）
建筑物上雕刻的装饰带，通常是檐部的中间部分。

山墙（Gable）
坡屋顶下墙的三角形尖部分，有时为了装饰而做出墙体的延伸部分。

塔门（Gopuram）
印度南部某些印度教寺庙入口处的门楼，通常装饰华丽。

锤梁结构（Hammerbeam roof）
哥特式时期流行于英国的一种装饰性的开放式木屋架结构。

韩屋（Hanok）
韩国传统的住宅形式，最初设计和建造于 14 世纪。

多柱式建筑（Hypostyle）
由多根柱子支撑屋顶的大厅。

拱心石（Keystone）
拱顶或拱顶上的楔形石头，用来固定其他石头。

采光塔（Lantern）
一种圆柱形或多边形结构，顶部有开口；其底部通常也有开口，以便光线照亮下面的区域。

过梁（Lintel）
窗户或门上的水平横梁，承受着墙的重量。

凉廊（Loggia）
由柱廊构成的走廊，一侧或多侧对外开放。

堞口（Machicolation）
城垛托臂之间的开口，用于防御。

孟莎式屋顶（Mansard roof）
有四个倾斜边的屋顶，每边都在中间再次改变坡度。

壁龛 / 米哈拉布（Mihrab）
清真寺室内墙壁上拱形凹壁，朝拜时需面向该凹壁。

宣礼塔（Minaret）
位于清真寺顶部或顶部附近，通常有圆锥形或洋葱形的高尖顶。

前厅（Narthex）
位于教堂正面，有柱廊的门廊；或教堂内横向大厅，在中殿和侧廊之前。

孔洞（Oculus）
圆顶中心的圆形开口，如罗马万神殿屋顶上的开口。

柱式（Order）
由梁柱结构的形式所定义的古典建筑风格。古希腊和古罗马的三个主要柱式是：多立克式（Doric）、爱奥尼亚式（Ionic）和科林斯式（Corinthian）。

佛塔（Pagoda）
一种有多层屋顶的分层塔，围绕一个中轴线建造，主要见于中国、日本和韩国。

女儿墙（Parapet）
一种低矮的防护墙，位于建筑造型下沉的地方，如正面的顶部。

山墙（Pediment）
位于门廊位置的装饰性三角形墙体元素。

帆拱（Pendentive）
弯曲的三角形砌体，放置在圆顶下方的方形或多边形结构上。

壁柱（Pilaster）
一种非结构性的垂直柱体，附着在墙壁表面或略微突出于墙壁表面。

承重柱（Pillar）
建筑结构上的支撑柱，比普通柱子更大，通常不使用装饰。

支柱（piloti）
支撑建筑物的柱子、独立支柱或底层架空，柯布西耶推广使用，在国际风格的建筑中最为流行。

裙房（Podium）
一般指在高层建筑主体的下半部分，修建的横切面积大于建筑主体自身横切面积的低层附属建筑体。

柱廊（Portico）
一种有独立柱或壁柱且有顶的门廊，常用作建筑物的入口，顶部通常有三角形山墙。

塔柱（Pylon）
悬索桥或高架路的支撑结构；也指古埃及寺庙通往内部的纪念性大门。

四叶形装饰（Quatrefoil）
四片叶子的装饰性图案，常用于窗饰，类似于花或三叶草的造型，但是由四片叶子组成的纹饰。

筏板基础（Raft foundation）
由底板、梁等整体组成。当建筑物荷载较大，地基承载力较弱时，常采用筏板基础。

刚性结构（Rigid seructure）
建筑物或构造物上设置的一种耐震结构。相对柔性结构而言，其柱和梁的结构牢固，并设计

有高强度的耐震壁，能增强建筑物的整体刚性，承受强大地震力的冲击。

锡卡拉（Shikhara）
印度教寺庙的尖顶形式。

障子（Shoji）
在日本建筑中，一种滑动的外门和外窗，由格子状的木制框架制成，外面覆盖着一层坚硬的半透明白纸。

尖顶（Spire）
指建筑物，通常是教堂建筑顶部细长、尖的造型。

内角拱（Squinch）
穿过方形塔楼内角的拱形结构，并承载来自上层建筑的力，如圆顶。

窣堵波（Stupa）
一种佛教的纪念性纪念碑，通常收藏与佛陀有关的神圣文物。

横楣（Transom）
穿过墙面开口的水平横梁，通常上面有窗的门，因此是横框窗的支撑结构。

耳堂（Transept）
十字形教堂的横向部分。

桁架（Truss）
一种由木梁或金属条组成的刚性框架，用来支撑顶部结构，如屋顶。

凝灰岩（Tuff）
一种由火山灰衍生的岩石。

乡土建筑（Vernacular architecture）
一种建筑风格，使用当地材料创造的受传统设计影响的建筑结构与形式。

精舍（Vihara）
最初为僧人讲道场所，后为僧人修行、居住地，通常指佛教寺院；梵语原意为"幽静的地方"。

楔形拱石（Voussoir）
拱门或拱顶上的楔形石头，最突出的是拱心石和拱基石（拱门两边的底部石头）。

图片所属

10 Bildarchiv Monheim GmbH/Alamy Stock Photo. 12 Art Kowalsky/Alamy Stock Photo. 13 F1online digitale Bildagentur GmbH/Alamy Stock Photo. 14 Andriy Kravchenko/Alamy Stock Photo. 15 Dinodia Photos/Alamy Stock Photo. 16 Robert Zehetmayer/Alamy Stock Photo. 17 Efrain Padro/Alamy Stock Photo. 18 Miguel Angel Muñoz Pellicer/Alamy Stock Photo. 19 Andrey Khrobostov/Alamy Stock Photo. 20 mediacolor's/Alamy Stock Photo. 21 Bhaswaran Bhattacharya/Alamy Stock Photo. 22 geogphotos/Alamy Stock Photo. 23 Leonid Serebrennikov/Alamy Stock Photo. 24 Sergey Dzyuba/Alamy Stock Photo. 25 Prisma by Dukas Presseagentur GmbH/Alamy Stock Photo. 26 Andrea Matone/Alamy Stock Photo. 27 dbimages/Alamy Stock Photo. 28 Jan Zoetekouw/Alamy Stock Photo. 29 robertharding/Alamy Stock Photo. 30 Jon Bower Russia/Alamy Stock Photo. 31 Philip Scalia/Alamy Stock Photo. 32 Robert Zehetmayer/Alamy Stock Photo. 33 Stephen Saks Photography/Alamy Stock Photo. 34 Granger Historical Picture Archive/Alamy Stock Photo. 35 The National Trust Photolibrary/Alamy Stock Photo. 36 Adwo/Alamy Stock Photo. 37 Novarc Images/Alamy Stock Photo. 38 Nick Higham/Alamy Stock Photo. 39 NMUIM/Alamy Stock Photo. 40 Prisma by Dukas Presseagentur GmbH/Alamy Stock Photo. 41 Martin Bond/Alamy Stock Photo. 42 Olivier Martin Gambier/ARTEDIA/VIEW/Alamy Stock Photo. 43 Agencja Fotograficzna Caro/Alamy Stock Photo. 44 imageBROKER/Alamy Stock Photo. 45 NiKreative/Alamy Stock Photo. 46 Alf Ribeiro/Alamy Stock Photo. 47 Philip Scalia/Alamy Stock Photo. 48 Bildarchiv Monheim GmbH/Alamy Stock Photo. 49 Peter Scholey/Alamy Stock Photo. 50 John Lander/Alamy Stock Photo. 51 Giovanni Guarino Photo/Alamy Stock Photo. 52 Historic Collection/Alamy Stock Photo. 54–55 mageBROKER/Alamy Stock Photo. 56–57 Constantinos Iliopoulos/Alamy Stock Photo. 58–59 ephotocorp/Alamy Stock Photo. 60–61 Angelo Hornak/Alamy Stock Photo. 62–63 JLImages/Alamy Stock Photo. 64–67 imageBROKER/Alamy Stock Photo. 68–69 Sean Pavone/Alamy Stock Photo. 70–71 TravelMuse/Alamy Stock Photo. 73 mayphotography/Alamy Stock Photo. 74–75 Peter Sumner/Alamy Stock Photo. 76–77 Peter Horree/Alamy Stock Photo. 79 Prisma by Dukas Presseagentur GmbH/Alamy Stock Photo. 80–81 Jan Wlodarczyk/Alamy Stock Photo. 82–85 Jan Wlodarczyk/Alamy Stock Photo. 86–87 B.O'Kane/Alamy Stock Photo. 89 Jesse Kraft/Alamy Stock Photo. 91 Sergey Borisov/Alamy Stock Photo. 92–93 Zoonar GmbH/Alamy Stock Photo. 95 Sergey Borisov/Alamy Stock Photo. 96–97 Stefano Politi Markovina/Alamy Stock Photo. 99 David Pearson/Alamy Stock Photo. 100–101 travelbild-asia/Alamy Stock Photo. 102–105 Elena Korchenko/Alamy Stock Photo. 106–107 Jeff Gilbert/Alamy Stock Photo. 108–109 robertharding/Alamy Stock Photo. 110–111 robertharding/Alamy Stock Photo. 112–113 Llewellyn/Alamy Stock Photo. 114–115 Ian Shaw/Alamy Stock Photo. 116–117 The National Trust Photolibrary/Alamy Stock Photo. 119 rudi1976/Alamy Stock Photo. 121 robertharding/Alamy Stock Photo. 123 Historic Collection/Alamy Stock Photo. 124–125 Michael Brooks/Alamy Stock Photo. 126–127 Gavin Hellier/Alamy Stock Photo. 129 Ger Bosma/Alamy Stock Photo. 130–131 Iain Masterton /Alamy Stock Photo. 133 JRC, Inc. /Alamy Stock Photo. 134–137 © FLC/ADAGP, Paris and DACS, London 2019. Bildarchiv Monheim GmbH/Alamy Stock Photo. 138–139 Nick Higham/Alamy Stock Photo. 141 Philip Scalia/Alamy Stock Photo. 142–143 Dennis MacDonald/Alamy Stock Photo. 144–145 robertharding/Alamy Stock Photo. 146–147 Eric Brown/Alamy Stock Photo. 148–149 NiKreative/Alamy Stock Photo. 150–151 Ian Dagnall/Alamy Stock Photo. 153 Nikreates/Alamy Stock Photo. 154–155 Michal Sikorski/Alamy Stock Photo. 156–157 Edmund Sumner-VIEW/Alamy Stock Photo. 159 UMB-O/Alamy Stock Photo. 160–161 Jochen Tack/Alamy Stock Photo. 162 Jan Wlodarczyk/Alamy Stock Photo. 164 Zoonar GmbH/Alamy Stock Photo. 165 John Kellerman/Alamy Stock Photo. 166 Jan Wlodarczyk/Alamy Stock Photo. 167 robertharding/Alamy Stock Photo. 168 JL Images/Alamy Stock Photo. 169 Trevor Smithers ARPS/Alamy Stock Photo. 170 Kavalenkava Volha/Alamy Stock Photo. 171 Stephan Stockinger/Alamy Stock Photo. 172 RooM the Agency/Alamy Stock Photo. 173 John Baran/Alamy Stock Photo. 174 Tim Graham/Alamy Stock Photo. 175 Gaertner/Alamy Stock Photo. 176 Michael Jenner/Alamy Stock Photo. 177 Vichaya Kiatying-Angsulee/Alamy Stock Photo. 178 Arterra Picture Library/Alamy Stock Photo. 179 JLBvdWOLF/Alamy Stock Photo. 180 John Warburton-Lee Photography/Alamy Stock Photo. 181 Christophe Cappelli/Alamy Stock Photo. 182 Hemis/Alamy Stock Photo. 183 funkyfood London - Paul Williams/Alamy Stock Photo. 184 Sean Pavone/Alamy Stock Photo. 185 Stuart Gray/Alamy Stock Photo. 186 Steve Taylor ARPS/Alamy Stock Photo. 187 Grant Smith-VIEW/Alamy Stock Photo. 188 © FLC/ADAGP, Paris and DACS, London 2019. Bildarchiv Monheim GmbH/Alamy Stock Photo. 189 Juan Jimenez/Alamy Stock Photo. 190 Michael Bracey/Alamy Stock Photo. 192 PRISMA ARCHIVO/Alamy Stock Photo. 193 Gavin Hellier/Alamy Stock Photo. 194 Everett Collection Inc/Alamy Stock Photo. 195 Susan Pease/Alamy Stock Photo. 196 John Lander/ Alamy Stock Photo. 197 Andreas Altenburger/Alamy Stock Photo. 198 Hercules Milas/Alamy Stock Photo. 199 robertharding/Alamy Stock Photo. 200 Tim Graham/Alamy Stock Photo. 201 galit seligmann/Alamy Stock Photo. 202 Paul Springett 02/Alamy Stock Photo. 203 Alun Reece/Alamy Stock Photo. 204 Realy Easy Star/Giuseppe Masci/Alamy Stock Photo. 205 robertharding/Alamy Stock Photo. 206 Hemis/Alamy Stock Photo. 207 Arco Images GmbH/Alamy Stock Photo. 208 Sergey Borisov/Alamy Stock Photo. 209 nagelestock.com/Alamy Stock Photo. 210 Stephen Saks Photography/Alamy Stock Photo. 211 robertharding/Alamy Stock Photo. 212 Malcolm Park editorial/Alamy Stock Photo. 213 Mark Andrews/Alamy Stock Photo. 214 Hufton+Crow-VIEW/Alamy Stock Photo. 215 Michael Bracey/Alamy Stock Photo.

译后记

2020 年我做的第一件有意义的事情，便是在疫情蔓延至全国的紧要关头，在家闭门翻译完这本外版建筑图书，书中的众多图片都能使我瞬间回忆起当年在欧洲留学时，怀着崇敬的心仰望这些建筑的心情，至今难忘。本书有着丰富的史料和专业的讲解，涉及大量建筑工艺、创新风格，并细致地介绍了建筑师们在特定历史时期对建筑、艺术、人文所做出的贡献。作为一本普及型专业读物，本书非常详尽、全面，一次便可以按照建筑设计的历史进程、建筑史与美术史的风格演化过程，以及建筑材料与工艺的发展脉络来综合了解不同国家、不同区域、不同民族背景下的建筑风格发展及文化传承。建筑学科的发展需要强大的综合理论支撑，对于建筑、设计和艺术专业的读者而言，这本书无疑为了解和研究建筑学发展脉络，提供了一套全面且图文并茂的知识导览。

设计专业的学习，首先需要做到"从喜欢到热爱"，做到了这一点，任何求知路上的困难都可以忽略不计。2017 年的某一天，我在课堂上讲到亲历高迪建筑的细节："当你站在一座有生命的建筑面前，你会不由自主地流泪……"2019 年的一天，我收到学生"小 w"发来的短信："感谢老师的教诲，此时此刻我站在圣家族大教堂面前，体会出了当年您在课堂上讲到的那句话—— 有生命的建筑真的可以使人感动、落泪……"那个学生最终选择去欧洲读书，立志要做出"有生命的建筑"。

我用有限的专业常识力求准确地向读者表述原作者的意思。我热爱我的职业，也希望读者从这本书中找到自己喜欢的只言片语，更希望有一天你也会站在你喜欢的建筑面前，去领会那份属于你的感动。

2020 年 2 月将要结束的时候，我和将要去英国留学攻读硕士学位的"小 w"联系，把这本原版书送给他。

宋扬 / 博士

2020 年 2 月 18 日